全国高职高专教育土建类专业教学指导委员会规划推荐教材

职业教育工程造价专业实训规划教材

总主编：袁建新

钢筋翻样与算量实训

主　编　闫玉红

副主编　龙乃武

主　审　袁建新

U0198601

中国建筑工业出版社

图书在版编目（CIP）数据

钢筋翻样与算量实训/闫玉红主编．—北京：中国建筑
工业出版社，2016.4
全国高职高专教育土建类专业教学指导委员会规划推
荐教材．职业教育工程造价专业实训规划教材
ISBN 978-7-112-19361-5

Ⅰ.①钢… Ⅱ.①闫… Ⅲ.①建筑工程-钢筋-工程施工-
高等职业教育-教材②钢筋混凝土结构-结构计算-高等职
业教育-教材 Ⅳ.①TU755.3②TU375.01

中国版本图书馆CIP数据核字（2016）第081928号

　　《钢筋翻样与算量实训》是专门为工程造价专业教学设计的训练基本功的教材。钢筋翻样与算量实训是一项由简单到复杂、由单一到综合的系列训练项目。可以在钢筋翻样与算量课程教学中进行，也可以在课程结束后进行单项实训。为了更加适合高职学生的学习和训练，本教材按"螺旋进度教学法"的思路构建和编排了钢筋翻样与算量实训内容。

　　本教材适合高职院校工程造价专业师生教学和实训使用，也适合工程造价初学者训练建筑工程量计算基本功使用。

　　本书配套资源请进入http://book.cabplink.com/zydown.jsp页面，搜索图书名称找到对应资源点击下载。（注：配套资源需免费注册网站用户并登录后才能完成下载，资源包解压密码为本书征订号。）

责任编辑：张　晶　吴越恺
责任校对：党　蕾　刘梦然

全国高职高专教育土建类专业教学指导委员会规划推荐教材
职业教育工程造价专业实训规划教材
总主编：袁建新

钢筋翻样与算量实训

主　编　闫玉红
副主编　龙乃武
主　审　袁建新

＊

中国建筑工业出版社出版、发行（北京西郊百万庄）
各地新华书店、建筑书店经销
北京红光制版公司制版
北京建筑工业印刷厂印刷

＊

开本：787×1092毫米　1/16　印张：7　插页：4　字数：172千字
2016年7月第一版　　2016年7月第一次印刷
定价：19.00元（附网络下载）
ISBN 978-7-112-19361-5
(28624)

序

  为了提高工程造价实训的效率和质量，我们组织了工程造价专业办学历史较长、专业课程教学和实训能力较强的几所建设类高职院校的资深教师，编写了工程造价专业系列实训教材。

  本系列教材共5本，包括《建筑工程量计算实训》、《建筑水电安装工程量计算实训》、《钢筋翻样与算量实训》、《建筑安装工程造价计算实训》和《工程造价实训用图集》这些内容是工程造价专业核心课程的技能训练内容。因此，该系列教材可作为工程造价专业进行核心技能训练的必备用书。

  运用系统的理念和螺旋进度教学的思想，将工程造价专业核心技能的训练放在一个系统中构建和应用螺旋递进的方法编写工程造价专业系列实训教材，是我们建设职教人新的尝试。实训是从掌握一个一个方法开始的，工程造价实训先从较小的、简单的单层建筑物工程工程量计算（工程造价）开始，然后再继续计算较复杂建筑物的工程量（工程造价），一层一层地递进下去。这一思路符合学生的认知规律和学习规律。这就是"螺旋进度教学法"在工程造价实训过程中的应用与实践。

  本系列教材还拓展了上述课程的软件应用介绍和实训。软件应用内容是从学习的角度来写的，一改原来软件操作手册的风格，为学生将来快速使用新软件打下了基础。

  在学习中实践、在实践中学习，这是职业教育的本质特征。本系列教材设计的内容就是试图让学生边学习边完成作业。因而教材内容中给学生留了从简单到复杂、从少量到多量的独立完成的作业内容，由教师灵活地组织实践教学，学生课内外灵活完成作业。

  愿经过我们与各兄弟院校共同完成好工程造价专业的实训，为社会培养更多掌握熟练技能的造价人才。

全国高职高专教育土建类专业教学指导委员会

工程管理类专业分指导委员会

前　　言

　　《钢筋翻样与算量实训》是在一整套结构施工图的基础上，根据构件钢筋做法和绑扎环节的工艺流程，安排实训教学。实训项目是由简单到复杂、由单一到综合训练的过程。实训可以在学习钢筋翻样与算量课程中穿插进行，也可以在课程结束后进行，或者在相关的全部专业课程结束后进行。本教材是按"螺旋进度教学法"的思路构建和编排《钢筋翻样与算量实训》内容。根据认知规律与教学规律将繁杂的计算内容采用分阶段、分步骤，从简单的工程逐渐到复杂的工程；本教材采用写出计算方法与过程，授课时教师先讲一部分，然后学生自己动手训练相结合的方法，来提高学生的钢筋翻样与算量技能水平。

　　本教材由山西建筑职业技术学院闫玉红主编，深圳斯维尔科技有限公司龙乃武副主编，山西建筑职业技术学院陈娟参加编写。闫玉红和陈娟编写了手工计算钢筋工程量的内容，龙乃武编写了软件钢筋工程量计算的内容。四川建筑职业技术学院袁建新教授任主审。

　　实训教材的编写是一次新的尝试，编写过程中难免有不足之处，敬请广大读者批评指正。

目　　录

第1篇　手工计算钢筋工程量

第2篇 软件计算钢筋工程量

第1篇　手工计算钢筋工程量

1　钢筋翻样与算量实训概述

1.1　钢筋翻样与算量实训性质

钢筋翻样与算量是混凝土结构中钢筋工程量计算的核心能力，是工程造价专业、工程管理等专业实训环节的重点技能训练课程。通过本课程的训练、专业人员能够在施工阶段及时提供正确的钢筋用量计划表和钢筋下料单，以保证工程顺利进行。

本课程着重介绍钢筋混凝土结构的钢筋量计算，即钢筋算量。本课程研究如何正确应用《混凝土结构施工图平面整体表示方法制图规则和构造详图》，合理地确定建筑工程的钢筋用量，是钢筋混凝土施工方向的一门专业性、综合性、实践性较强的应用型课程。

1.2　钢筋翻样与算量实训课程的特性

《钢筋翻样与算量实训》是在一整套结构施工图的基础上，根据构件钢筋做法和绑扎环节的工艺流程，安排实训教学。实训项目的过程是由简单到复杂、由单一到综合。本部分实训可以在学习钢筋翻样与算量课程中穿插进行，也可以在课程结束后进行，或者在相关的全部专业课程结束后进行。本教材按"螺旋进度教学法"的思路构建和编排了《钢筋翻样与算量实训》内容。

1.3　钢筋翻样与算量实训计算用图

《钢筋翻样与算量实训》的课内实训阶段、单门课程结束后实训阶段和全部专业课程结束后的实训全部采用本系列配套的实训用图。实训计算图纸信息全面、完整，难易适中，适合造价、项目管理等相关专业学生使用。

1.4　钢筋翻样与算量实训内容包含的范围

《钢筋翻样与算量实训》内容包括基础、柱、梁、板和剪力墙等构件的钢筋工程量计算单项训练和整套结构施工图的综合训练。

1.5　钢筋翻样与算量实训内容知识结构体系

钢筋翻样与算量实训技能与知识点分析见表1-1，主要包括：基础、柱、梁、板等各类构件中钢筋的翻样与算量。通过以上课程内容的理论学习和实践操作训练，培养学生工程造价专业的良好技能，使其完全能够胜任预算员、成本核算员及计划统计员的工作岗位。

钢筋翻样与算量实训技能与知识点分析表　　　　　　　　　　　表 1-1

实训技能与知识点	主要工程量计算能力		
基础钢筋翻样与算量	独立基础	独立基础下部 X 向钢筋计算	
		独立基础下部 Y 向钢筋计算	
		独立基础中连系梁纵筋和箍筋计算	
	筏形基础	基础梁钢筋	梁纵向钢筋计算
			梁箍筋和拉筋计算
		筏形基础平板	贯通钢筋计算
			非贯通钢筋计算
柱钢筋翻样与算量	框架柱纵向钢筋计算		
	框架柱箍筋和拉筋计算		
梁钢筋翻样与算量	框架梁纵向钢筋计算		
	框架梁箍筋和拉筋计算		
板钢筋翻样与算量	板受力钢筋计算		
	板分布钢筋计算		
剪力墙钢筋翻样与算量	剪力墙边缘构件钢筋计算	约束边缘构件钢筋计算	
		构造边缘构件钢筋计算	
	剪力墙墙身钢筋计算	墙身竖向和水平向钢筋计算	
		墙身拉筋计算	
	剪力墙梁钢筋计算		
	剪力墙洞口补强钢筋计算		

1.6　钢筋翻样与算量技能训练的教学方法应用—螺旋进度教学法

《钢筋翻样与算量实训》教材内容是按照"螺旋进度教学法"的思路编写的。

《钢筋翻样与算量实训》的螺旋进度教学法分为三个阶段。第一阶段：各类构件的钢筋翻样与算量基础知识的复习，介绍相关各类构件钢筋的计算方法；第二阶段：举例介绍不同构件的钢筋翻样与算量计算过程及绘制各类构件的钢筋计算表；第三阶段：难度相对增加的整套施工图全部构件的钢筋翻样与算量。其中，第一阶段和第二阶段分别在各章节中详细介绍，第三阶段以综合案例的形式进行综合实训，参考附录图纸完成钢筋计算要求。学生在教师指导下独立完成。

《钢筋翻样与算量实训》按以上思路编排实训内容并组织实训教学。

2　基础钢筋翻样与算量实训

基础钢筋翻样与算量实训是建立在基础构造知识已经学习完毕，能够掌握《混凝土结构施工图平面整体表示方法制图规则和构造详图》中关于基础部分的前提下，充分利用理论知识，结合实际的结构施工图，目的是对实际工程中基础构件的钢筋进行计算，并完成施工过程中基础钢筋下料和提供钢筋材料单。

基础钢筋翻样与算量实训分三个阶段进行，第一阶段是针对基础钢筋翻样与算量理论知识复习和回顾；第二阶段是认识结构施工图中简单的基础构件，并对基础构件进行钢筋翻样与算量；第三阶段以综合案例的形式进行基础的综合实训。

本课程基础部分着重介绍的是独立基础构件和筏形基础构件。

2.1　基础钢筋翻样与算量主要训练内容

基础钢筋翻样与算量主要训练内容是柱下独立基础、筏形基础的钢筋翻样与算量，详见表 2-1。

基础钢筋翻样与算量实训内容　　　　　　　　　　　　表 2-1

实训知识点	掌握的主要工程量计算能力	主要训练内容	选用施工图
柱下独立基础钢筋翻样与算量	普通独立基础钢筋翻样与算量	柱下独立基础下部 X 向钢筋的长度和根数	某学院北大门门房工程
		柱下独立基础下部 Y 向钢筋的长度和根数	
	独立基础间连梁钢筋量计算	独立基础中连系梁纵筋和箍筋长度和根数	
筏形基础钢筋翻样与算量	筏形基础钢筋翻样与算量	基础梁钢筋翻样与算量	
		筏形基础平板钢筋翻样与算量	

2.2　柱下独立基础钢筋翻样与算量

2.2.1　独立基础的制图规则和标准构造详图

独立基础平法施工图有平面注写方式与截面注写方式两种表达方式。绘制独立基础平面布置图时，应将独立基础平面与基础所支承的柱一起绘制；当设置基础连梁时，可根据情况将基础连梁一起绘制在基础平面图中。独立基础平面图应标注基础定位尺寸，有偏心时标注偏心尺寸。

独立基础的构造详图详见《混凝土结构施工图平面整体表示方法制图规则和构造详图》（筏形基础、独立基础、条形基础、桩基承台）11G101-3，在课程《钢筋翻样与算量》中已经介绍，在此不再赘述。

2.2.2 柱下独立基础钢筋的计算方法

独立基础有普通独立基础和杯口独立基础两种形式，基础底板的截面形式有阶梯形、坡形。基础底板的截面形式以阶梯形为例，介绍普通独立基础底板配筋计算。

如图2-1所示，当独立基础的底板尺寸小于2500mm时，B表示底部配筋，X向、Y向钢筋分别用X、Y打头表示独立基础底板下部分为X向和Y向钢筋。

如图2-1所示，独立基础底板下部X向、Y向钢筋的长度和根数的计算公式：

$$X 向钢筋的长度 = X 向底板的长度 - 2 \times 基础钢筋保护层厚度$$

$$X 向钢筋根数 = \frac{Y 向底板的长度 - 2 \times \min\left(\dfrac{X 向钢筋间距}{2},\ 75\right)}{X 向钢筋间距} + 1$$

$$Y 向钢筋的长度 = Y 向底板的长度 - 2 \times 基础钢筋保护层厚度$$

$$Y 向钢筋根数 = \frac{X 向底板的长度 - 2 \times \min\left(\dfrac{Y 向钢筋间距}{2},\ 75\right)}{Y 向钢筋间距} + 1$$

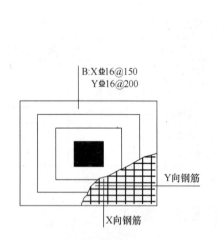

图2-1 独立基础底板尺寸
小于2500mm平面图

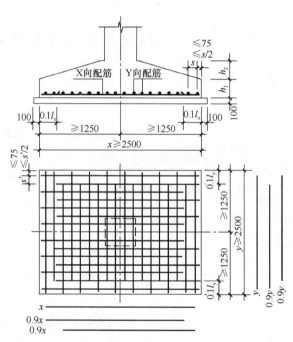

图2-2 独立基础的底板尺寸大于2500mm平面图

当独立基础底板的X向或Y向宽度≥2500mm时，除基础边缘的第一根钢筋外，X向或Y向的钢筋长度可减缩10%，即按长度的0.9倍交错绑扎设置，如图2-2所示，独立基础底板下部分为X向和Y向钢筋。独立基础底板下部钢筋的长度和根数的计算公式：

外侧X向钢筋的长度 = X向底板的长度 - 2×基础钢筋保护层厚度

外侧X向钢筋的根数 = 2根

外侧Y向钢筋的长度 = Y向底板的长度 - 2×基础钢筋保护层厚度

外侧 Y 向钢筋的根数＝2 根

其余 X 向钢筋的长度＝0.9×X 向底板的长度

$$\text{其余 X 向钢筋的根数}=\frac{\text{Y 向底板的长度}-2\times\left[\min\left(\dfrac{\text{X 向钢筋间距}}{2},75\right)+\text{X 向钢筋间距}\right]}{\text{X 向钢筋间距}}$$
$$+1$$

其余 Y 向钢筋的长度＝0.9×Y 向底板的长度

$$\text{其余 Y 向钢筋的根数}=\frac{\text{X 向底板的长度}-2\times\left[\min\left(\dfrac{\text{Y 向钢筋间距}}{2},75\right)+\text{Y 向钢筋间距}\right]}{\text{Y 向钢筋间距}}$$
$$+1$$

2.2.3 独立基础连系梁钢筋量计算

独立基础连系梁是联系结构构件之间的梁，作用是增加结构的整体性，增大建筑物的横向或纵向刚度。连系梁除承受自身重力荷载及上部的隔墙荷载作用外，不再承受其他荷载作用。

独立基础为了增加基础整体刚度以及减小不均匀沉降，基础之间增设基础连系梁，将其连接为一体。连系梁和砌体结构的圈梁一样都有增强整体刚度作用。

连系梁钢筋包括连系梁通长纵向钢筋和联系梁的箍筋，如图 2-3 所示。

连系梁上部、下部通长钢筋长度计算公式：

$$\text{长度}=\text{净跨值 } l_\text{n}+\text{左、右锚固长度}$$

锚固长度分析：

当柱子截面宽度 h_c —柱钢筋保护层厚度 $c \geqslant l_\text{aE}$ 时，锚固长度＝柱子截面宽度 h_c —柱钢筋保护层厚度 c；

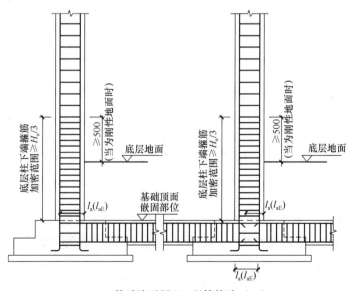

基础连系梁JLL配筋构造（一）

图 2-3 独立基础连系梁（一）

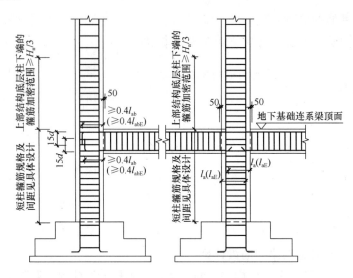

基础连系梁JLL配筋构造（二）

图 2-3　独立基础连系梁（二）

当柱子截面宽度 h_c —柱钢筋保护层厚度 $c < l_{aE}$ 时，锚固长度＝柱子截面宽度 h_c —柱钢筋保护层厚度 $c + 15d$ ，同时，弯锚的水平段长度满足(h_c —柱钢筋保护层厚度 c) $\geq 0.4 l_{aE}$。

连系梁的腹板高度大于 450mm 时，在梁的侧面做侧面构造钢筋，构造钢筋的锚固规则为伸入到柱中 $15d$。

连系梁侧面构造钢筋长度计算公式：

$$长度 ＝ 净跨值 \, l_n + 2 \times 15d$$

连系梁箍筋在联系梁净跨范围内设置，不需要设置在独立基础中，第一根箍筋的位置距离柱边缘50mm放置，箍筋计算箍筋的长度和箍筋的根数，计算方法可以参考框架梁箍筋的计算规则。

2.3　筏形基础钢筋翻样与算量

2.3.1　筏形基础的制图规则和标准构造详图

筏形基础的特点是整体性好，能很好地抵抗地基不均匀沉降。筏形基础又叫筏板基础，即满堂基础。是把柱下独立基础或者条形基础全部用连系梁联系起来，下面再整体浇筑底板。筏板基础分为平板式筏基和梁板式筏基，该基础底面积大，基底压力小，同时整体性能很好，对提高地基承载力，调整不均匀沉降有很好的效果。本实训重点讲述梁板式筏形基础的计算方法。

梁板式筏形基础若是基础梁顶和基础板顶相平，称为上梁式（平法中称为"高板位"）；若是基础梁底和基础板底相平；称为下梁式（平法中称为"低板位"），若是基础平板位于基础梁的中部，称为中板位。

梁板式筏形基础平法施工图，是在基础平面布置图上采用平面注写方式表达基础设计的内容。

梁板式筏形基础由基础主梁、基础次梁、基础平板构件组成。梁板式筏形基础的制图规则和构造详图详见《混凝土结构施工图平面整体表示方法制图规则和构造详图》11G101-3，在课程钢筋翻样与算量中已经介绍，在此不再赘述。

2.3.2 筏形基础钢筋的计算方法

1. 基础主梁的钢筋量计算（纵筋和箍筋计算）

基础主梁的端部分为有外伸构造和无外伸构造做法，基础主梁端部做法不同，钢筋计算方法有区别。主要计算内容有：

（1）端部等截面外伸构造

上部第一排钢筋伸至外伸端位，竖向弯折 $12d$，上部第二排钢筋伸至柱下部锚固长度为 l_a；下部钢筋中贯通钢筋伸至外伸端部竖向弯折 $12d$，下部非贯通筋伸至外伸端部直接截断，如图 2-4(a) 所示。

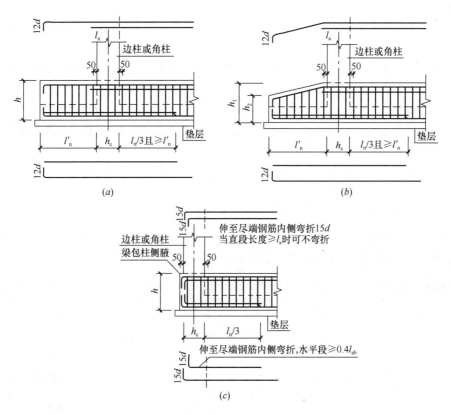

图 2-4　基础主梁端部外伸部位钢筋构造
(a) 基础主梁端部等截面外伸部位钢筋构造；(b) 基础主梁端部变截面外伸部位钢筋构造；
(c) 基础主梁端部无外伸部位钢筋构造

端部等截面外伸基础梁上部第一排钢筋长度＝梁的总长度－2×基础钢筋保护层厚度＋2×12d

端部等截面外伸基础梁上部第二排钢筋长度＝梁的总长度－外伸净长度－边柱或角柱截面宽度＋n×l_a

分析：n 是外伸的数量，当为两边外伸时 $n=2$；当为一边外伸时 $n=1$。

端部等截面外伸基础梁下部贯通钢筋长度＝梁的总长度－2×基础钢筋保护层厚度＋2

$\times 12d$

端部等截面外伸基础梁下部外伸部分非贯通钢筋长度＝外伸净长度＋边柱或角柱截面宽度－基础钢筋保护层厚度＋$\max(l_n/3, l'_n)$

（2）端部变截面外伸构造

截面变化部位，钢筋沿着截面变化布置，截断和弯折要求同端部等截面外伸构造相同，如图 2-4(b) 所示。计算规则参考端部等截面外伸构造。

（3）端部无外伸构造

基础主梁端部无外伸构造根据梁柱（墙）相对截面尺寸不同，有三种形式：梁宽度小于柱宽度（设有梁包柱侧腋）；墙下有基础梁，且梁宽大于墙厚；柱或墙外侧与基础梁端齐平，如图 2-4(c) 所示。

基础主梁贯通钢筋的长度＝基础主梁的跨度总长＋锚固长度

基础主梁非贯通钢筋的长度＝$l_n/3$＋锚固长度

（4）锚固长度分析

基础梁端部无外伸构造时，锚固长度取值与钢筋的位置有关。基础梁上部纵筋伸至近端弯折长度 $15d$，当伸至近端的长度直锚≥l_a 时，可以不用弯折；基础主梁下部纵筋伸至近端弯折长度 $15d$。

基础主梁贯通纵筋长度计算与基础主梁的跨度和是否有外伸有关，基础主梁的非贯通钢筋在梁下部，如图 2-5 所示，计算公式为：

基础主梁下部第一排非贯通筋的长度＝$2\times l_n/3$＋柱（墙）截面宽度

基础主梁下部第二排非贯通筋的长度＝$2\times l_n/3$＋柱（墙）截面宽度

基础主梁的箍筋计算分为箍筋的长度计算和箍筋根数计算。

基础主梁的箍筋在基础主梁柱（墙）下区域连续贯通布置，箍筋的长度计算方法与框架梁箍筋计算规则相同，箍筋根数按设计要求计算，如图 2-5 所示。

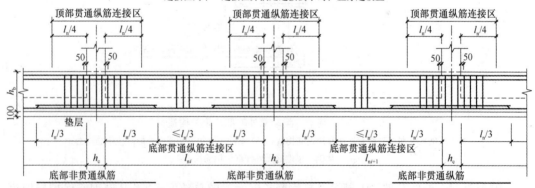

图 2-5　基础主梁纵筋与箍筋构造

2. 筏形基础次梁的钢筋量计算

基础次梁同基础主梁一样，基础次梁的端部分为有外伸构造和无外伸构造做法，基础次梁钢筋根据端部做法进行计算，纵筋分为贯通纵筋和非贯通纵筋，基础次梁的箍筋在主梁与次梁相交的公共区域没有基础次梁的箍筋，如图 2-6 所示。

（1）端部等截面外伸构造

上部钢筋伸至柱外伸端部，竖向弯折 $12d$；下部钢筋中贯通钢筋伸至外伸端部竖向弯折 $12d$，非贯通筋伸至外伸端部直接截断，如图 2-6（a）所示。

端部等截面外伸基础次梁上部钢筋长度＝梁的总长度－2×基础钢筋保护层厚度＋2×12d

端部等截面外伸基础次梁下部贯通钢筋长度＝梁的总长度－2×基础钢筋保护层厚度＋2×12d

端部等截面外伸基础次梁下部外伸部分非贯通钢筋长度＝外伸长度－基础钢筋保护层厚度＋基础主梁截面宽度 b_b＋max（$l_n/3$，l_n'）

（2）端部变截面外伸构造

截面变化部位，钢筋沿着截面变化布置，截断和弯折要求同端部等截面外伸构造相同，如图 2-6（b）所示，计算规则参考端部等截面外伸构造。

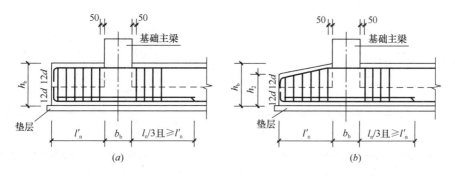

图 2-6 基础次梁端部外伸构造

（a）基础次梁端部等截面外伸部位钢筋构造；（b）基础次梁端部变截面外伸部位钢筋构造

（3）端部无外伸构造

基础次梁纵筋分为贯通纵筋和非贯通纵筋，主梁与次梁相交的公共区域没有基础次梁的箍筋，如图 2-7 所示。

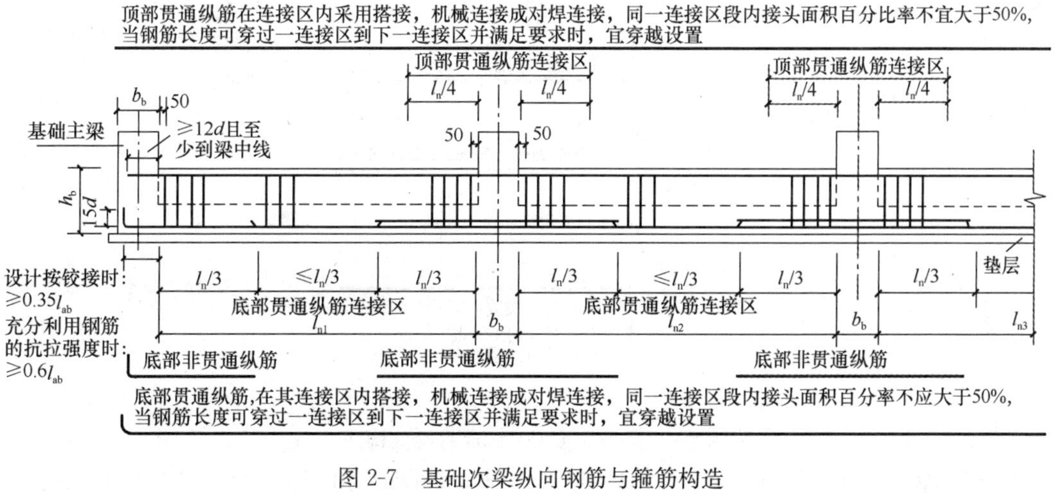

图 2-7 基础次梁纵向钢筋与箍筋构造

基础次梁上部贯通钢筋的长度＝基础次梁的跨度总长＋$\max\left(12d, \dfrac{b_b}{2}\right) \times 2$

基础次梁下部贯通钢筋的长度＝基础次梁的跨度总长＋左右锚固长度

（4）锚固长度分析

锚固长度与结构设计有关，在平法图集中有具体要求。

基础次梁下部第一排非贯通筋的长度＝$2 \times l_n/3$＋基础主梁截面宽度

基础次梁下部第二排非贯通筋的长度＝$2 \times l_n/3$＋基础主梁截面宽度

3. 梁板式筏形基础平板钢筋计算

梁板式筏形基础平板的平面注写内容包括：基础平板底部与顶部贯通纵筋的集中标注、基础平板底部非贯通纵筋的原位标注。基础平板端部构造分为有外伸构造和无外伸构造做法。基础平板钢筋量计算根据端部做法进行计算。主要内容有：

（1）筏形基础平板端部等截面外伸构造

基础平板的上部钢筋伸至板外伸端部，竖向弯折12d；基础平板的下部钢筋伸至板外伸端部，竖向弯折12d，如图2-8(a)所示。

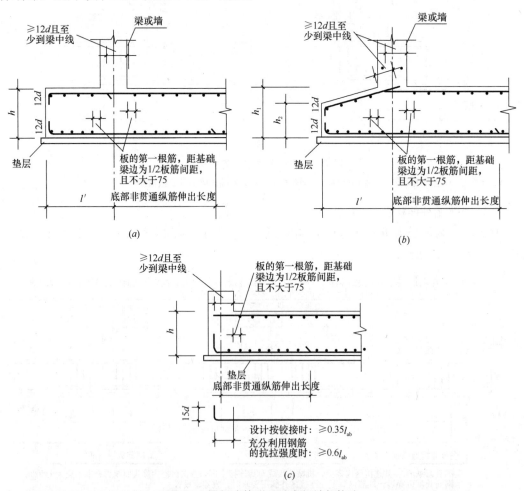

图 2-8 梁板式筏形基础底板端部构造

(a) 筏形基础平板等截面外伸；(b) 筏形基础平板变截面外伸构造；(c) 筏形基础平板无外伸构造

基础平板的上部贯通钢筋长度＝板跨总长－2×板钢筋保护层厚度＋2×12d

基础平板的下部贯通钢筋长度＝板跨总长－2×板钢筋保护层厚度＋2×12d

基础平板的下部(上部)贯通钢筋的根数＝$\dfrac{布筋范围}{板筋间距}$＋1，其中布筋范围在板的净跨和

板外伸净长范围，板的第一根筋，距基础梁边距离是 $\min\left(\dfrac{1}{2}板筋间距, 75\right)$。

基础平板的下部非贯通钢筋长度＝板外伸长度－板钢筋保护层厚度

$$＋12d＋底部非贯通筋伸入板长度$$

基础平板的下部非贯通钢筋的根数＝$\dfrac{布筋范围}{板筋间距}$＋1

（2）筏形基础平板端部变截面外伸构造

筏形基础平板变截面外伸构造与端部等截面外伸构造做法相同，基础平板的上部钢筋伸至板外伸端部，竖向弯折 12d；基础平板的下部钢筋伸至板外伸端部，竖向弯折 12d，如图 2-8(b) 所示，计算方法参考端部等截面外伸计算方法。

（3）筏形基础平板端部无外伸构造

筏形基础平板端部无外伸构造，基础平板的上部钢筋伸至基础主梁边缘 $\max$ $\left(12d, \dfrac{b_{\mathrm{b}}}{2}\right)$；基础平板的下部钢筋伸至板外伸端部，竖向弯折 15d，如图 2-8(c)所示。

基础平板的上部贯通钢筋长度＝板的净跨＋2×$\max\left(12d, \dfrac{b_{\mathrm{b}}}{2}\right)$

基础平板的下部贯通钢筋长度＝板的净跨＋2×锚固长度

（4）锚固长度分析

锚固长度与结构设计有关，在平法图集中按具体要求计算。

基础平板的下部(上部)贯通钢筋的根数＝$\dfrac{布筋范围}{板筋间距}$＋1，其中布筋范围在板的净跨和

板外伸净长范围，板的第一根钢筋距基础梁边距离是 $\min\left(\dfrac{1}{2}板筋间距, 75\right)$。

基础平板的下部非贯通钢筋长度＝底部非贯通筋伸出长度－$\dfrac{梁(墙)截面宽度}{2}$＋锚固长度

基础平板的下部非贯通钢筋的根数＝$\dfrac{布筋范围}{板筋间距}$＋1

计算基础平板纵筋时，板边缘侧面封边构造可以参考《混凝土结构施工图平面整体表示方法制图规则和构造详图》11G101-3 第 84 页做法，根据设计者指定要求计算封边后钢筋长度。

2.4　基础钢筋量计算实例

2.4.1　独立基础钢筋计算实例

【例 2-1】已知条件：独立基础 DJ$_{\mathrm{J}}$-1，C35 混凝土，钢筋为 HRB335 和 HPB300 两

种，保护层厚度 40mm，框架柱轴线居中，独立基础平面图如图 2-9 所示。计算独立基础底板中的钢筋量，绘制独立基础底板钢筋计算表和钢筋汇总表。（提示：HPB300 钢筋末端做 180°弯钩，一个弯钩长度是 6.25d）

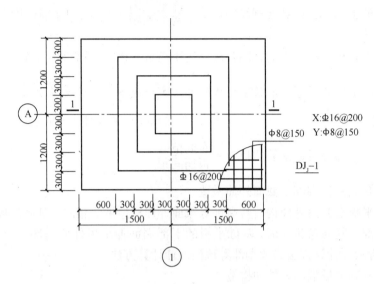

图 2-9　独立基础示意图

【解析】基础底板 X 向配置钢筋直径为 16mm，间距为 200mm，HRB335 钢筋；Y 向钢筋直径为 8mm，间距 150mm，HPB300 钢筋，X 向底板尺寸为 3000mm＞2500mm，因此该方向底板其余配筋长度为底板长度的 0.9 倍。具体计算过程如下：

（1）X 向钢筋

外侧 X 向钢筋长度＝X 向底板的长度－2×基础钢筋保护层厚度

$$＝3000－40×2＝2920mm$$

外侧 X 向钢筋的根数：2 Φ16

其余 X 向钢筋的长度＝0.9×X 向底板的长度

$$＝0.9×3000＝2700mm$$

$$其余 X 向钢筋的根数＝\frac{X 向底板的长度－2×\left[\min\left(\frac{X 向钢筋间距}{2}, 75\right)＋X 向钢筋间距\right]}{X 向钢筋间距}＋1$$

$$＝\frac{2400－2×\left[\min\left(\frac{200}{2}, 75\right)＋200\right]}{200}＋1＝11 根$$

其余 X 向钢筋的根数：11 Φ16

（2）Y 向钢筋

Y 向钢筋的长度＝Y 向底板的长度－2×基础钢筋保护层厚度

$$＝2400－40×2＋2×6.25d＝2420mm$$

$$Y 向钢筋的根数＝\frac{X 向底板的长度－2×\min\left(\frac{Y 向钢筋间距}{2}, 75\right)}{Y 向钢筋间距}＋1$$

$$= \frac{(3000 - 2 \times 75)}{150} + 1 = 20 \ \text{根}$$

Y 向钢筋的根数：20 Φ 8

（3）柱下普通独立基础钢筋计算表（表 2-2）

（4）钢筋材料汇总表（表 2-3）

独立基础 DJ$_\text{J}$-1 钢筋计算表　　　　　　表 2-2

序号	构件钢筋类型	钢筋长度计算方法和单根长度（mm）	钢筋级别	钢筋直径（mm）和根数	总长度（m）	钢筋米重（kg/m）	总重（kg）
1	外侧 X 向钢筋	外侧 X 向钢筋的长度＝X 向底板的长度－2×基础的保护层厚度＝3000－40×2＝2920mm	HRB335	2 Φ 16	5.84	1.580	9.227
2	其余 X 向钢筋	其余 X 向钢筋的长度＝0.9×X 向底板的长度＝0.9×3000＝2700mm	HRB335	11 Φ 16	29.7	1.580	46.926
3	Y 向钢筋	Y 向钢筋长度＝2400－40×2＋2×6.25d＝2420mm	HPB300	20 Φ 8	48.4	0.395	19.118

钢筋材料汇总表　　　　　　表 2-3

钢筋直径	总长度（m）	米重（kg/m）	总重量（t）
Φ 16	35.54	1.580	0.056
Φ 8	48.4	0.395	0.019
合　计	83.94		0.075

2.4.2 筏形基础钢筋计算实例

【例 2-2】已知条件：JL5(3B)，C35 混凝土，保护层厚度 40mm，锚固长度 27d，框架柱轴线居中。要求计算基础主梁 JL5 的钢筋量，绘制基础主梁 JL5 钢筋翻样图并做出钢筋计算表和钢筋汇总表（不考虑钢筋接头数量引起的钢筋量的变化）。

【解】基础主梁集中标注的内容为：截面尺寸 800mm×1400mm，底部钢筋为 11 Φ 25，上部钢筋为 13 Φ 25，第一排 11 根第二排 2 根（自上而下），箍筋为 Φ 16，间距 200mm，4 肢箍，侧面构造钢筋为 4 Φ 20，拉筋为 Φ 8，基础主梁标注示意图如图 2-10 所示。

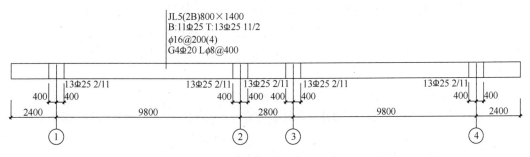

图 2-10　基础主梁标注示意图

基础主梁上原位标注内容有①、②、③、④轴基础梁下部钢筋均为 13 Φ 25，第一排

11 根，贯通布置；第二排 2 根，非贯通布置（自下而上）。具体计算过程如下：

（1）钢筋的锚固长度：$l_a = 27d = 27 \times 25 = 675$mm；外伸净长 $l'_n = 2000$mm；第一跨度净长＝第三跨度净长＝9000mm；$l_n/3 = 9000/3 = 3000$mm。

（2）基础主梁的钢筋翻样图（图 2-11）。

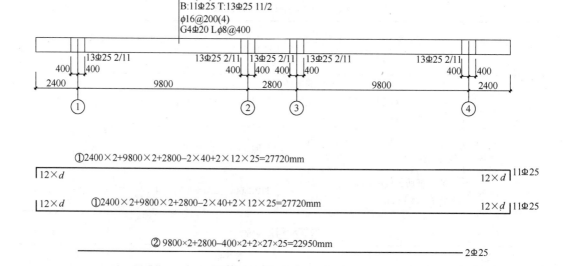

图 2-11　基础主梁钢筋翻样图

（3）基础主梁的钢筋计算过程

基础主梁两边是等截面外伸，基础主梁上部第一排贯通钢筋和基础主梁下部贯通钢筋计算长度一致，编号为①钢筋，因此：

① 钢筋长度＝梁的总长度－2×基础钢筋保护层厚度＋2×12d

　　　　　　＝$2400 \times 2 + 9800 \times 2 + 2800 - 2 \times 40 + 2 \times 12 \times 25 = 27720$mm（22 Φ 25）

基础主梁上部第二排钢筋伸至柱下部锚固长度为 l_a，编号为②钢筋，因此：

② 钢筋长度＝梁的总长度－外伸净长度－边柱或角柱截面宽度＋2×l_a

　　　　　　＝$(9800 \times 2 + 2800 + 2 \times 2400) - 2 \times 2000 - 2 \times 800 + 2 \times 27 \times 25$

　　　　　　＝22950mm（2 Φ 25）

基础主梁端支座下部非贯通钢筋是③钢筋，因此：

③ 钢筋长度＝外伸净长度＋边柱或角柱截面宽度＋$\max(l_n/3, l'_n)$－基础钢筋保护层厚度

　　　　　　＝$2400 + 400 + 3000 - 40 = 5760$mm（4 Φ 25）

基础主梁短跨下部非贯通钢筋是④钢筋，因此：

④ 钢筋长度＝短跨长度＋支座宽度＋$\max(l_n/3, l'_n) \times 2$

　　　　　　＝$2800 + 400 \times 2 + 3000 \times 2 = 9600$mm（2 Φ 25）

基础主梁的侧面构造钢筋是⑤钢筋，因此：

⑤ 钢筋长度＝梁总长－2×基础钢筋保护层厚度

$$＝2400×2＋9800×2＋2800－2×40＝27120mm（4 \Phi 20）$$

基础主梁的箍筋是⑥＋⑦钢筋，因此：

⑥ 箍筋长度＝(1320＋720)×2＋2×190.4＝4460.8mm

⑦ 箍筋长度＝[(800－40×2－2×16－25)×4/10＋25＋(1400－40×2)]

$$×2＋2×190.4$$

$$＝3601.2mm$$

箍筋单长：⑥＋⑦＝8062mm（137 Φ 16）

$$根数＝\frac{2400×2－2×40＋9800×2＋2800}{200}＋1＝137 根$$

基础主梁的拉筋是⑧钢筋，因此：

⑧ 拉筋长度＝800－40×2＋2×8＋2×95.2＝926.4mm（138 Φ 8）

$$根数 ＝ \left(\frac{2400 × 2－2 × 40＋9800×2＋2800}{400}＋1\right)×2 ＝ 138 根$$

（4）JL5 钢筋计算表（表2-4）

（5）JL5 钢筋材料汇总表（表2-5）

JL5 钢筋计算表　　　　　　　　　　　　　　　　　　表 2-4

序号	构件钢筋类型	形状	钢筋长度计算方法和单根长度（mm）	钢筋级别	钢筋直径（mm）和根数	总长度（m）	钢筋米重（kg/m）	总重（kg）
①	JL5 上部第一排和下部贯通钢筋	300 ⌐27120⌐ 300	① 钢筋长度＝梁的总长度－2×基础保护层厚度＋2×12d＝2400×2＋9800×2＋2800－2×40＋2×12×25＝27720mm	HRB335	22 Φ 25	609.84	3.85	2347.88
②	基础主梁上部第二排钢筋	22950	② 钢筋长度＝梁的总长度－外伸净长度－边柱或角柱截面宽度＋2×l_a＝(9800×2＋2800＋2×2400)－2×2000－2×800＋2×27×25＝22950mm	HRB335	2 Φ 25	45.9	3.85	176.72
③	基础主梁端支座下部非贯通钢筋	5760	③ 钢筋长度＝外伸净长度＋边柱或角柱截面宽度＋max($l_n/3$, l'_n)－基础保护层厚度＝2400＋400＋3000－40＝5760mm	HRB335	4 Φ 25	23.04	3.85	88.70

续表

序号	构件钢筋类型	形状	钢筋长度计算方法和单根长度(mm)	钢筋级别	钢筋直径(mm)和根数	总长度(m)	钢筋米重(kg/m)	总重(kg)
④	基础主梁短跨下部非贯通钢筋	9600	④ 钢筋长度＝短跨长度＋支座宽度＋max(l_n/3, l_n')×2＝2800＋400×2＋3000×2＝9600mm	HRB335	2 Φ 25	19.2	3.85	73.92
⑤	基础主梁的侧面构造钢筋	27120	⑤ 钢筋长度＝梁总长－2×基础保护层厚度＝2400×2＋9800×2＋2800－2×40＝27120mm	HRB335	4 Φ 20	108.48	2.47	267.95
⑥	基础主梁大双肢箍筋		⑥ 箍筋长度＝(1320＋720)×2＋2×190.4＝4460.8mm	HPB300	137 Φ 16	611.130	1.58	965.59
⑦	基础主梁小双肢箍筋		⑦ 箍筋长度＝[(800－40×2－2×16－25)×4/10＋25＋(1400－80)]×2＋2×190.4＝3601.2mm	HPB300	137 Φ 16	493.36	1.58	779.51
⑧	基础主梁拉筋		⑧ 拉筋长度＝800－40×2＋2×8＋2×95.2＝926.4mm	HPB300	138 Φ 8	127.843	0.395	50.50

钢筋材料汇总表　　　　表 2-5

钢筋直径	总长度(m)	米重(kg/m)	总重量(t)
Φ 25	697.98	3.85	2.687
Φ 20	108.48	2.47	0.268
Φ 16	1104.49	1.58	1.745
Φ 8	127.843	0.395	0.05
合　计			4.75

【例 2-3】已知条件：基础平板 LPB1，混凝土 C30，保护层厚度 40mm，轴线居中，LPB 厚 800mm。如图 2-12 所示，柱的截面尺寸 700mm×700mm，基础主梁宽均为 800mm。(提示：基础板纵筋封边做法采用纵筋弯钩交错封边方式，基础板底部与顶部纵筋弯钩交错 150mm) 计算基础板钢筋量，绘制基础板钢筋计算表和钢筋汇总表(不考虑钢筋接头数量)。

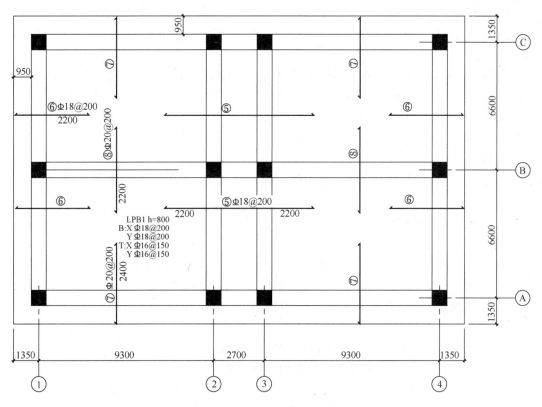

图 2-12 基础底板标注示意图

【解】LPB1 集中标注的内容为：基础平板底部贯通钢筋 X 向①钢筋、底板 Y 向②钢筋都为Φ18@200，上部贯通钢筋 X 向③钢筋、Y 向④钢筋都为Φ16@150。

LPB1 底部非贯通纵筋分别为⑤、⑥、⑦和⑧号钢筋，均为 HRB335 钢筋。⑤、⑥钢筋Φ18，间距 200mm，分别从②轴、①轴线向板内延伸 2200mm；⑦、⑧号钢筋Φ20mm，间距 200mm，分别从Ⓑ轴、Ⓐ轴线向板内延伸 2200mm、2400mm。

（1）本例题筏形基础平板是端部等截面外伸构造，考虑基础板纵筋封边做法采用纵筋弯钩交错封边方式，上下贯通钢筋弯折长度＝（800－40×2－150)/2＋150＝435mm

（2）基础平板钢筋计算

基础平板底部：

X 向：① 钢筋长度＝板的跨度－钢筋保护层厚度×2＋2×弯折长度＝9300×2＋2700＋2×1350－40×2＋2×435＝24790mm（70 Φ18）

① 钢筋根数＝[（6600－400×2－150）/200＋1]×2＋[（950－150）/200＋1]×2＝70 根

Y 向：② 钢筋长度＝板的跨度－钢筋保护层厚度×2＋2×弯折长度＝6600×2＋2×1350－2×40＋2×435＝16690mm（106 Φ18）

② 钢筋根数＝[（9300－400×2－150）/200＋1]×2＋[（2700－400×2－150）/200＋1]＋[（950－150）/200＋1]×2＝106 根

基础平板上部：

X 向：③ 钢筋长度＝板的跨度－钢筋保护层厚度×2＋2×弯折长度＝9300×2＋2700

＋2×1350－40×2＋2×435＝24790mm(92 Φ 16)

③ 钢筋根数＝[(6600－400×2－150)/150＋1]×2＋[(950－150)/150＋1]×2＝92 根

Y向：④钢筋长度＝板的跨度－钢筋保护层厚度×2＋2×弯折长度＝6600×2＋2×1350－2×40＋2×435＝16690mm(141 Φ 16)

④ 钢筋根数＝[(9300－400×2－150)/150＋1]×2＋[(2700－400×2－150)/150＋1]＋[(950－150)/150＋1]×2＝141 根

基础平板下部非贯通钢筋：

⑤ 钢筋长度＝底部非贯通筋伸入板长度×2＋板短跨长度＝2200×2＋2700＝7100mm(70 Φ 18)

⑤ 钢筋根数＝[(6600－400×2－150)/200＋1]×2＋[(950－150)/200＋1]×2＝70 根

⑥ 钢筋长度＝板的外伸长度－钢筋保护层厚度＋12d＋底部非贯通筋伸入板长度
＝1350－40＋12×18＋2200＝3726mm(140 Φ 18)

⑥ 钢筋根数＝[(6600－400×2－150)/200＋1]×4＋[(950－150)/200＋1]×4＝140 根

⑦ 钢筋长度＝钢筋长度＝板的外伸长度－钢筋保护层厚度
＋12d＋底部非贯通筋伸入板长度
＝1350－40＋12×18＋2400＝3926mm(212 Φ 20)

⑦ 钢筋根数＝$\left[\left(\dfrac{9300-400\times2-150}{200}\right)+1\right]\times4+\left[\dfrac{(2700-400\times2-150)}{200}+1\right]\times2+\left(\dfrac{950-150}{200}+1\right)\times4=212$ 根

⑧ 钢筋长度＝底部非贯通筋伸入板长度×2＝2200×2＝4400mm(106 Φ 20)

⑧ 钢筋根数＝$\left[\left(\dfrac{9300-400\times2-150}{200}\right)+1\right]\times2+\left[\dfrac{(2700-400\times2-150)}{200}+1\right]+\left(\dfrac{950-150}{200}+1\right)\times2=106$ 根

(3) 筏形基础平板钢筋计算表（表2-6）

(4) 筏形基础平板钢筋汇总表（表2-7）

筏形基础平板钢筋计算表　　　　　　　　　　表2-6

编号	构件钢筋类型	钢筋长度计算方法和单根长度(mm)	钢筋直径(mm)	根数(根)	总长度(m)	钢筋米重(kg/m)	总重(kg)
①	基础板底部贯通钢筋X向	板的跨度－钢筋保护层厚度×2＋2×弯折长度＝9300×2＋2700＋2×1350－40×2＋2×435＝24790mm	Φ 18	70	1735.3	2.000	3470.6
②	基础板底部贯通钢筋Y向	板的跨度－钢筋保护层厚度×2＋2×弯折长度＝6600×2＋2×1350－2×40＋2×435＝16690mm	Φ 18	106	1769.14	2.000	3538.28

编号	构件钢筋类型	钢筋长度计算方法和单根长度（mm）	钢筋直径（mm）	根数（根）	总长度（m）	钢筋米重（kg/m）	总重（kg）
③	基础板上部贯通钢筋X向	板的跨度－钢筋保护层厚度×2+2×弯折长度＝9300×2+2700+2×1350－40×2+2×435＝24790mm	Φ16	92	2280.68	1.58	3603.47
④	基础板上部贯通钢筋Y向	板的跨度－钢筋保护层厚度×2+2×弯折长度＝6600×2+2×1350－2×40+2×435＝16690mm	Φ16	141	2353.29	1.58	3718.20
⑤	基础板下部非贯通钢筋	底部非贯通筋伸入板长度×2+板短跨长度＝2200×2+2700＝7100mm	Φ18	70	497	2.000	994
⑥	基础板下部非贯通钢筋	板的外伸长度－钢筋保护层厚度+12d+底部非贯通筋伸入板长度＝1350－40+12×18+2400＝3926mm	Φ18	140	832.31	2.000	2055.81
⑦	基础板下部非贯通钢筋	板的外伸长度－钢筋保护层厚度+12d+底部非贯通筋伸入板长度＝1350－40+12×18+2200＝3726mm	Φ20	212	789.91	2.47	1951.08
⑧	基础板下部非贯通钢筋	底部非贯通筋伸入板长度×2＝2200×2＝4400mm	Φ20	106	466.4	2.47	1152.01

筏形基础平板钢筋汇总表　　　　　　　　　　　表2-7

钢筋直径	总长度（m）	米重（kg/m）	总重量（t）
Φ20	1256.31	2.47	3.103
Φ18	4833.75	2	9.675
Φ16	4633.97	1.58	7.322
合计			20.100

2.5 课堂实训项目

1. 实训项目

在读懂并熟悉图集的基础上，分析图纸中关于钢筋计算的知识点，并且总结计算的条件。计算附图"某学院北门建筑工程"钢筋混凝土基础的钢筋工程量。绘制钢筋计算表和钢筋汇总表。

2. 实训目的

通过识图练习，完成独立基础钢筋的翻样与算量，见附图"某学院北门建筑工程"。

　　3. 实训要求

　　识读附图"某学院北门建筑工程施工图",通过设计说明,我们可以找到建筑物的结构形式、抗震等级、混凝土强度等级及钢筋级别和钢筋的连接方式等,同时在结构设计说明中绘制出了相关节点的配筋详图,包括洞口补强、拉结筋等,在计算中应该灵活应用图纸节点详图结合图集解决计算问题。读懂读熟平面整体表示方法对基础类型、编号、截面尺寸、配筋所表示的含义。找出具有代表性的基础进行配筋情况分析,特别是基础钢筋的长度和根数,基础的节点构造详图等。

　　算量要求:能熟练计算基础中所有钢筋量。

2.6　课外实训项目

　　1. 实训项目

　　计算本套实训教材《工程造价实训用图集》中"某游泳池工程"和"某学院 2 号教学楼"中钢筋混凝土基础的钢筋工程量,绘制钢筋计算表和钢筋汇总表。

　　2. 实训目的

　　通过识图练习,完成实训项目中独立基础和筏形基础钢筋的翻样与算量。

　　3. 实训要求

　　熟练掌握现浇框架平面整体表示法以及对标准构造详图的理解。在读懂建筑平面施工图基础上,根据实际一套框架结构平法表示图,能熟练理解基础的配筋情况并计算指定基础的钢筋工程量。

　　读图要求:读懂读熟平面整体表示方法,对基础类型、编号、截面尺寸、配筋所表示的含义。找出具有代表性的基础进行配筋情况分析,特别是:基础钢筋的长度和根数,基础的节点构造详图等。

　　算量要求:能熟练计算基础中所有钢筋量。

3 柱钢筋翻样与算量实训

柱钢筋翻样与算量实训是建立在学生对框架柱相关知识已经学习完毕，能够熟练识读《混凝土结构施工图平面整体表示方法制图规则和构造详图》基础上，充分利用理论知识，结合实际的结构施工图，对柱钢筋进行计算，并完成施工过程中钢筋下料和提供钢筋材料单。

柱钢筋翻样与算量实训分三个阶段进行，第一阶段是针对框架柱钢筋翻样与算量理论知识复习和回顾；第二阶段是认识结构施工图中简单的柱构件，并对柱构件进行钢筋翻样与算量；第三阶段以综合案例的形式进行柱的综合实训。

本教程基础部分着重介绍的是框架柱构件。

3.1 框架柱钢筋翻样与算量主要训练内容

框架柱下柱钢筋翻样与算量的主要训练内容及选用施工图见表 3-1。

表 3-1

实训知识点	主要工程量计算能力	主要训练内容	选用施工图
框架柱钢筋翻样与算量	柱纵筋非连接区长度和位置	柱纵向钢筋的长度和根数	某学院北大门门房施工图
	柱箍筋加密区和非加密区范围	柱箍筋长度和根数	

3.2 柱钢筋翻样与算量

3.2.1 框架柱的制图规则和标准构造详图

柱平法施工图设计规则为在柱平面布置图上采用截面注写方式或列表注写方式表达柱结构设计内容的方法。列表注写方式，是指在柱平面布置图上（一般采用一种比例），分别在同一编号的柱中选择一个或多个截面标注几何参数代号，在柱表中注写柱号、柱段起止标高、几何尺寸、与配筋的具体数值，并配以各种柱截面形状及箍筋类型图的方式来表达柱平面施工图。截面注写方式，是在分标准层绘制的柱平面布置图的柱截面上，分别在同一编号的柱中选择一个截面，以直接注写截面尺寸和配筋具体数值的方式来表达柱平法施工图。

框架柱的构造详图详见《混凝土结构施工图平面整体表示方法制图规则和构造详图》11G101-1，在课程钢筋翻样与算量中已经介绍，在此不再赘述。

3.2.2 柱纵向钢筋的计算方法

1. 基础插筋钢筋量计算

基础插筋的位置如图 3-1 所示。

插筋长度＝竖直段锚固长度＋弯折长度 l_a＋基础插筋非连接区长度（＋搭接长度 l_{lE}）

竖直段锚固长度＝基础高度－基础钢筋保护层厚度

当基础高度 $h_j > l_{aE}$ 时，弯折长度 $a=\max$（$6d$，150mm）

当基础高度 $h_j \leqslant l_{aE}$ 时，弯折长度 $a=15d$

基础顶面是柱的嵌固端，基础插筋非连接区长度＝$H_n/3$,（H_n 表示所在楼层的柱净高），

基础顶面不是柱的嵌固端，基础插筋非连接区长度＝$\max$（$H_n/6$，500mm，h_c），其中 h_c 表示柱截面长边尺寸（圆柱为截面直径）。

当柱纵筋绑扎搭接连接时取搭接长度 l_{lE}，当柱纵筋是机械连接和焊接时搭接长度 $l_{lE}=0$。

基础插筋的根数在柱平面图上用列表注写方式或截面注写方式直接表示，识读即可。

当基础底板高度≥2000mm 时，构造要求基础平板的中部设置一层水平构造钢筋网，竖直长度 $h=0.5\times$基础高度。

2. 地下室柱纵筋钢筋量计算

地下室柱纵筋的位置如图 3-1 所示。

地下室柱纵筋长度＝地下室层高－本层非连接区＋上层非连接区（＋l_{lE}）

地下室层高＝首层楼面高－基础顶面标高

基础顶面是柱的嵌固端，本层非连接区＝$H_n/3$，上层非连接区＝$\max$（$H_n/6$，500mm，h_c），如图 3-1 所示。

首层楼面是柱的嵌固端，本层非连接区＝$\max$（$H_n/6$，500mm，h_c），上层非连接区＝$H_n/3$。

当柱纵筋绑扎搭接连接时取搭接长度 l_{lE}，当柱纵筋时机械连接和焊接时搭接长度 $l_{lE}=0$。

3. 首层柱纵筋钢筋量计算

首层柱纵筋的位置如图 3-2 所示。

首层柱纵筋长度＝首层层高－本层非连接区＋上层非连接区（＋l_{lE}）

首层层高＝二层楼面高－首层地面标高

基础顶面是柱的嵌固端，本层非连接区＝$\max$（$H_n/6$，500mm，h_c），上层非连接区＝$\max$（$H_n/6$，500mm，h_c）。

首层楼面是柱的嵌固端，本层非连接区≥$H_n/3$，上层非连接区＝$\max$（$H_n/6$，500mm，h_c），如图 3-2 所示。

当柱纵筋绑扎搭接连接时取搭接长度 l_{lE}，当柱纵筋时机械连接和焊接时搭接长度 $l_{lE}=0$。

4. 二层柱纵筋钢筋量计算

二层柱纵筋的位置如图 3-3 所示。

二层柱纵筋长度＝中间层层高－本层非连接区＋上层非连接区（＋l_{lE}）

二层层高＝二层顶标高－首层顶标高

本层非连接区＝$\max$（$H_n/6$，500mm，h_c）；上层非连接区＝$\max$（$H_n/6$，500mm，h_c），当柱纵筋绑扎搭接连接时取搭接长度 l_{lE}，当柱纵筋时机械连接和焊接时搭接长度 l_{lE}

＝0。中间层柱纵筋钢筋量计算与二层柱纵筋钢筋量计算相同，在此不再重复。

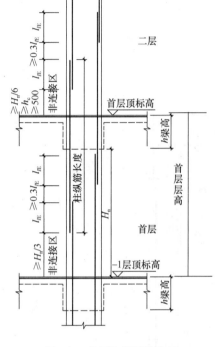

图 3-1　基础插筋和地下室柱纵筋的位置　　　图 3-2　首层柱纵筋的位置

5. 顶层柱纵筋钢筋量计算

顶层柱纵筋的位置如图 3-4 所示。

由于顶层柱中柱、角柱和边柱位置不同，柱纵筋分为顶层柱外侧钢筋量计算和顶层柱内侧钢筋量计算。

外侧纵筋长度＝顶层层高－本层非连接区－顶层梁高＋$1.5l_{abE}$

柱外侧纵筋锚固长度要求不少于 65％的柱外侧钢筋锚入梁中，锚固长度自梁底算起不小于 $1.5l_{aE}$（$1.5l_a$），且伸出柱内侧边缘不小于 500mm；其余柱外侧纵筋若在柱顶第一排设置，则伸至柱内侧边缘，向下弯折 $8d$ 后截断，若不在柱顶第一排设置，则伸至柱内侧边缘直接截断，顶层柱外侧纵筋如图 3-4（a）所示。

柱内侧纵筋长度＝顶层层高－本层非连接区－梁钢筋保护层厚度＋$12d$

柱内侧纵筋锚固长度有直线锚固和弯折锚固的形式，当梁高不能满足直锚要求时，要求弯锚到梁中 $12d$，如图 3-4（b）所示。

本层非连接区＝max（$H_n/6$，500mm，h_c），柱外侧纵筋锚固长度和柱内侧纵筋锚固长度如图 3-4 所示。

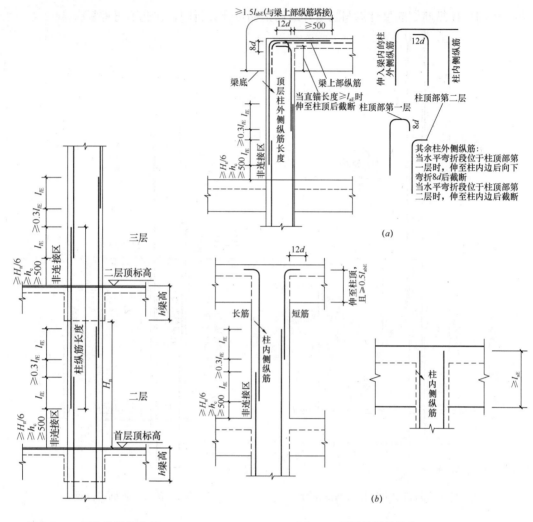

图 3-3　二层柱纵筋的位置　　　　图 3-4　顶层柱纵筋的位置

（a）顶层角柱或边柱；（b）顶层中柱

6. 变截面柱纵筋钢筋量计算

当 $\Delta/h_b \leqslant \frac{1}{6}$ 时，纵筋在节点位置采用贯通锚固，纵筋长度同中间层纵筋长度计算方法。当 $\Delta/h_b > \frac{1}{6}$ 时，纵筋在节点位置采用非贯通锚固。纵筋非贯通锚固如图 3-5 所示。

下柱纵筋长度＝本层层高－本层非连接区－梁钢筋保护层厚度＋12d

上层柱插筋长度＝1.2l_{aE}＋上层非连接区（＋l_{lE}）

本层非连接区＝max（$H_n/6$，500mm，h_c），当柱纵筋绑扎搭接连接时取搭接长度 l_{lE}，当柱纵筋时机械连接和焊接时搭接长度 $l_{lE}＝0$。

3.2.3　柱箍筋计算方法

1. 柱箍筋长度计算（图 3-6）

箍筋常用的复合方式为 $m \times n$ 肢箍筋形式，由外封闭箍筋、小封闭箍筋和单肢箍形式组成，箍筋长度计算即为复合箍筋总长度的计算，本计算方法按照箍筋的外皮计算箍筋的长度。其各自的计算方法为：

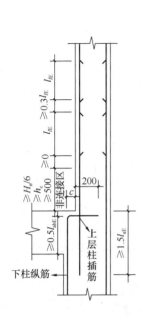

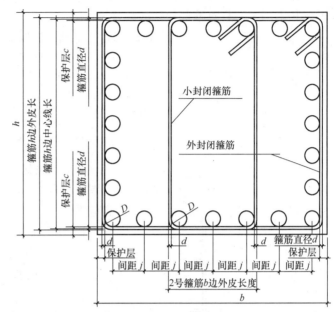

图 3-5　柱变截面处纵筋非贯通锚固　　　　图 3-6　柱箍筋图计算示意图

（1）单肢箍（拉筋）长度计算

长度 = 截面尺寸 b 或 h − 柱钢筋保护层厚度 c×2＋2×$d_拉$＋2×l_w

注：l_w 表示箍筋的弯钩长度，箍筋弯折 90°位置的度量长度差值不计，箍筋弯折 135°弯钩的量变差值为 $1.9d$，因此箍筋的弯钩长度统一取值为 l_w＝max（$11.9d$，$75＋1.9d$）。

（2）外封闭箍筋（大双肢箍）长度计算

长度 = （b−2×柱钢筋保护层厚度 c）×2＋（h−2×柱钢筋保护层厚度 c）×2＋2×l_w

（3）小封闭箍筋（小双肢箍）长度计算

$$长度 = \left[\frac{b-2×柱钢筋保护层厚度 c-d_纵筋-2×d_箍筋}{纵筋根数-1}×间距个数+d_纵筋+2×d_{小箍筋}\right]×2$$
$$+（h-2×柱钢筋保护层厚度 c）×2+2×l_w$$

2. 柱箍筋根数计算

柱箍筋在楼层中，按加密与非加密区分布。其计算方法为：

（1）基础插筋在基础中箍筋数量

当基础高度＜2000mm 时，

$$根数 = \frac{插筋竖直锚固长度-100}{500}+1$$

当基础高度≥2000mm 时：

$$根数 = \frac{\frac{1}{2}×基础高度-基础钢筋保护层厚度}{500}+1$$

基础插筋在基础内的箍筋设置要求为：间距≤500mm，且不少于两道外封闭箍筋。

按本节给的公式计算出的每部分数值应取不小于计算结果的整数且不小于 2 根。

当插筋部分保护层厚度小于 $5d$ 时，基础插筋在基础内的箍筋设置要求为：间距$\leqslant$ $\min$（$10d$，100）计算箍筋根数的公式为：

$$根数 = \frac{基础高度 - 基础钢筋保护层厚度}{\min(10d,100)} + 1$$

（2）基础相邻层或一层箍筋数量×（图 3-7）

$$根数 = \frac{H_n/3 - 50}{加密间距} + \frac{\max(H_n/6,500,h_c)}{加密间距} + \frac{节点梁高}{加密间距}$$
$$+ \left(\frac{非加密区长度}{非加密区间距}\right) + \left(\frac{2.3l_{lE}}{\min(100,5d)}\right) + 1$$

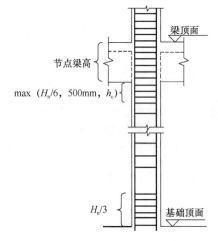

图 3-7 基础相邻层或一层箍筋图

箍筋加密区范围：基础相邻层或首层部位 $H_n/3$ 范围，楼板下 $\max$（$H_n/6$，500mm，h_c）范围，梁高范围。

1）箍筋非加密区长度

非加密区长度＝层高－加密区总长度

2）搭接长度

若钢筋的连接方式为绑扎连接，搭接接头百分率为50％时，则搭接连接范围 $2.3l_{lE}$ 内，箍筋需加密，加密间距为 $\min$（$5d$，100mm）。

3）框架柱需全高加密情况

以下应进行框架柱全高范围内箍筋加密：按非加密区长度计算公式所得结果小于 0 时，该楼层内框架柱全高加密，一、二级抗震等级框架角柱的全高范围及其他设计要求的全高加密的柱。

另外，当柱钢筋考虑搭接接头错开间距以及绑扎连接时绑扎连接范围内箍筋应按构造要求加密的因素后，若计算出的非加密区长度不大于 0 时，应为柱全高加密。

柱全高加密箍筋的根数计算方法为：

① 机械连接

$$根数 = \frac{层高 - 50}{加密间距} + 1$$

② 绑扎连接

$$根数 = \frac{层高 - 2.3l_{lE} - 50}{加密间距} + \frac{2.3l_{lE}}{\min(5d,100mm)} + 1$$

4）箍筋根数值

按文中公式计算出的每部分数值应取不小于计算结果的整数，然后再求和，下同。

5）拉筋根数值

框架柱中的拉筋（单肢箍）通常与封闭箍筋共同组成复合箍筋形式，其根数与封闭箍筋根数相同，下同。

6）刚性地面箍筋根数

当框架柱底部存在刚性地面时，需计算刚性地面位置箍筋根数，计算方法为：

$$根数 = \frac{刚性地面厚度 + 1000}{加密间距} + 1$$

7) 刚性地面与首层箍筋加密区相对位置关系

刚性地面设置位置一般在首层地面位置，而首层箍筋加密区间通常是从基础梁顶面（无地下室时）或地下室板顶（有地下室时）算起，因此，刚性地面和首层箍筋加密区间的相对位置有下列三种形式：

① 刚性地面在首层非连接区以外时，两部分箍筋根数分别计算即可；

② 当刚性地面与首层非连接区全部重合时，按非连接区箍筋加密计算（通常非连接区范围大于刚性地面范围）；

③ 当刚性地面和首层非连接区部分重合时，根据两部分重合的数值，分别确定重合部分和非重合部分的箍筋根数。

3.3 框架柱计算实例

C35 中间层及顶层中间层及顶层箍筋

$$根数 = \frac{\max(H_n/6, 500, h_c) - 50}{加密间距} + \frac{\max(H_n/6, 500, h_c)}{加密间距}$$
$$+ \frac{节点梁高}{加密间距} + \left(\frac{非加密区长度}{非加密区间距}\right) + \left(\frac{2.3 l_{lE}}{\min(5d, 100mm)}\right) + 1$$

【例 3-1】某三层无地下室框架结构，边柱纵筋采用电渣压力焊接连接，混凝土强度等级 C30，环境类别一类，钢筋保护层厚度 25mm，纵筋采用 HRB335 等级钢筋，框架结构抗震等级三级，柱纵筋的锚固长度 $l_{aE} = 31d$，首层层高 4.5m。二层、三层层高均为 3.6m，顶层柱外侧钢筋采用全部锚入梁上部 $1.5 l_{aE}$ 的构造要求。基础高度 $h = 1200mm$，基础保护层的厚度取 50mm，基础顶面标高为 -0.030（表 3-2），框架梁高 650mm。边柱截面注写方式如图 3-8 所示，其中截面尺寸 650mm 的位置是柱子的外边缘。

计算柱钢筋量，并绘制钢筋计算表和钢筋绘制表。

框架边柱楼面标高和结构层高

表 3-2

层号	标高（m）	层高（m）
顶层	11.67	
3	8.07	3.6
2	4.47	3.6
1	−0.030	4.5

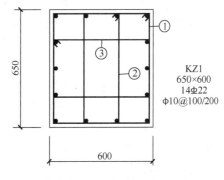

图 3-8 边柱 1 截面注写方式

【解】

要计算的内容有：基础插筋、一层纵筋、二层纵筋、三层纵筋、基础至顶层的箍筋及纵筋电渣压力焊焊接的接头数量。

框架边柱，共 3 层。楼层层高范围内纵筋采用电渣压力焊接，单根框架柱钢筋的接头共有 3 个，因此接头数量是 $14 \times 3 = 42$ 个。计算过程如下：

（1）纵筋长度和根数的计算

1）基础层插筋计算

一级抗震等级：$l_{aE} = 31d = 31 \times 22 = 682$mm

竖直段长度：$h = 1200 - 50 = 1150$mm $> l_{aE}$，因此，基础层插筋在基础内应伸至基础底部弯折长度 $a = \max(6d, 150) = 150$mm

基础插筋非连接区长度：

$$\frac{H_n}{3} = \frac{4500 - 650}{3} = 1283\text{mm}$$

插筋长度＝竖直段锚固长度＋弯折长度 a＋基础插筋非连接区长度（＋搭接长度 l_{lE}，）

$$= 1150 + 150 + 1283 = 2583\text{mm}$$

插筋的根数：14 Φ 22

2）首层纵筋计算

首层非连接区长度为 1283mm，二层非连接区长度为 $\max\left(h_c, 500, \frac{H_n}{6}\right) = 650$mm

首层纵筋长度＝$4500 - 1283 + 650 = 3867$mm

首层纵筋的根数：14 Φ 22

3）二层纵筋长度

中间层非连接区长度为：$\max\left(h_c, 500, \frac{H_n}{6}\right) = 650$mm

二层纵筋长度＝$3600 - 650 + 650 = 3600$mm

二层纵筋的根数：14 Φ 22

4）顶层纵筋长度

顶层非连接区长度为：$\max\left(h_c, 500, \frac{H_n}{6}\right) = 650$mm

顶层梁高为 650mm，$h_b - c = 650 - 25 = 625 < l_{aE}$，框架柱内侧钢筋采用弯锚形式，即内侧钢筋伸至梁顶弯折 $12d$，其长度计算方法为：

柱内侧纵筋长度＝顶层层高－本层非连接区－梁钢筋保护层厚度＋柱内侧纵筋锚固长度

柱内侧纵筋长度＝$3600 - 650 - 25 + 12 \times 22 = 3189$mm

柱内侧纵筋根数：9 Φ 22

柱外侧钢筋采用全部锚入梁中 $1.5l_{aE}$ 的构造要求。

柱外侧纵筋长度＝顶层层高－本层非连接区－顶层梁高＋柱外侧纵筋锚固长度

柱外侧纵筋锚固长度＝$1.5 \times l_{abE} = 1.5 \times 682 = 1023$mm

柱外侧纵筋长度＝$3600 - 650 - 650 + 1023 = 3323$mm

柱外侧纵筋根数：5 Φ 22

（2）箍筋长度和根数计算

1）箍筋长度计算

框架边柱中，箍筋 Φ10@100/200，箍筋水平段长度计算为：

$$l_w = \max(75 + 1.9d, 11.9d) = 11.9 \times 10 = 119\text{mm}$$

箍筋长度计算：

① 号箍筋长度＝$(600-2\times25)\times2+(650-2\times25)\times2+2\times119=2538$mm

② 号箍筋长度＝$\left(\dfrac{600-2\times25-2\times10-22}{3}+22+2\times10\right)\times2+(650-2\times25)\times$

$2+2\times119=1861$mm

③ 号箍筋长度＝$(600-2\times25)\times2+\left[\left(\dfrac{650-2\times25-2\times10-22}{4}\right)\times2+22+2\times10\right]+$

$2\times119=2064$mm

箍筋总长度＝①＋②＋③＝$2538+1861+2064=6463$mm

2）箍筋根数计算

插筋部分保护层厚度 50mm 小于 $5d=5\times22=110$mm 时，基础插筋在基础内的箍筋设置要求为：间距$\leqslant\min(5d,100)$。

基础插筋中箍筋根数＝$\dfrac{1200-50-100}{100}+1=12$ 根

箍筋类型：非复合箍筋①号。

首层中箍筋根数：

$$
\begin{aligned}
根数 &= \frac{H_n/3-50}{加密间距}+\frac{\max(H_n/6,500,h_c)}{加密间距}+\frac{节点梁高}{加密间距} \\
&\quad +\left(\frac{非加密区长度}{非加密区间距}\right)+\left(\frac{2.3l_{lE}}{\min(100,5d)}\right)+1 \\
&= \frac{1283-50}{100}+\frac{650}{100}+\frac{650}{100}+\left(\frac{4500-1283-650-650}{200}\right)+1 \\
&= 38 \; 根
\end{aligned}
$$

箍筋类型：4×4 复合箍筋①＋②＋③的组合。

二层中箍筋根数：

$$
\begin{aligned}
根数 &= \frac{H_n/3-50}{加密间距}+\frac{\max(H_n/6,500,h_c)}{加密间距}+\frac{节点梁高}{加密间距} \\
&\quad +\left(\frac{非加密区长度}{非加密区间距}\right)+\left(\frac{2.3l_{lE}}{\min(100,5d)}\right)+1 \\
&= \frac{650-50}{100}+\frac{650}{100}+\frac{650}{100}+\left(\frac{3600-650-650-650}{200}\right)+1 \\
&= 30 \; 根
\end{aligned}
$$

箍筋类型：4×4 复合箍筋①＋②＋③的组合。

三层中箍筋根数：

$$
\begin{aligned}
根数 &= \frac{H_n/3-50}{加密间距}+\frac{\max(H_n/6,500,h_c)}{加密间距}+\frac{节点梁高}{加密间距} \\
&\quad +\left(\frac{非加密区长度}{非加密区间距}\right)+\left(\frac{2.3l_{lE}}{\min(100,5d)}\right)+1 \\
&= \frac{650-50}{100}+\frac{650}{100}+\frac{650}{100}+\left(\frac{3600-650-650-650}{200}\right)+1 \\
&= 30 \; 根
\end{aligned}
$$

箍筋类型：4×4 复合箍筋①＋②＋③的组合。

总计：① 号箍筋根数＝$12+38+30+30=110$ 根

②号箍筋根数＝38＋30＋30＝98 根

③号箍筋根数＝38＋30＋30＝98 根

（3）纵筋接头数量计算

框架边柱，共3层。楼层层高范围内纵筋采用电渣压力焊焊接，框架柱单根钢筋的接头共有3个，因此接头数量是14×3＝42 个。

（4）柱钢筋计算表（表3-3）

（5）柱钢筋材料汇总表（表3-4）

柱钢筋翻样与算量计算表 表 3-3

序号	构件钢筋类型	钢筋长度计算方法	钢筋级别	钢筋直径（mm）和钢筋根数（根）	钢筋米重（kg/m）	总重量（kg）
1	插筋	插筋长度＝竖直段锚固长度＋弯折长度 a＋基础插筋非连接区长度（＋搭接长度 l_{lE}） ＝1150＋150＋1283＝2583mm	HRB335	14 Φ 22	2.99	108.12
2	一层纵筋	首层柱纵筋长度＝首层层高－本层非连接区＋上层非连接区（＋l_{lE}） ＝4500－1283＋650＝3867mm	HRB335	14 Φ 22	2.99	161.87
3	二层纵筋	二层柱纵筋长度＝中间层层高－本层非连接区＋上层非连接区（＋l_{lE}） 二层纵筋长度 ＝3600－650＋650＝3600mm	HRB335	14 Φ 22	2.99	150.7
4	三层内侧纵筋	柱内侧纵筋长度＝顶层层高－本层非连接区－顶层梁高＋柱内侧纵筋锚固长度 ＝3600－650－650＋625＋12×22＝3189mm	HRB335	9 Φ 22	2.99	85.82
5	三层外侧纵筋	外侧纵筋长度＝顶层层高－本层非连接区－顶层梁高＋柱外侧纵筋锚固长度 ＝3600－650－650＋1023＝3323mm	HRB335	5 Φ 22	2.99	50.67
6	①号箍筋	长度＝（b－2×柱钢筋保护层厚度 c＋2$d_{箍筋}$）×2＋（h－2×柱钢筋保护层厚度 c＋2×$d_{箍筋}$）×2＋2×l_w ＝（600－2×25）×2＋（650－2×25）×2＋2×119＝2538mm	HPB300	110 Φ 10	0.617	172.25
7	②号箍筋	长度＝$\left[\dfrac{b-2×柱钢筋保护层厚度\,c-d_{纵筋}}{纵筋根数-1}×间距个数＋d_{小箍筋}＋2×d_{小箍}\right]$ ×2＋（h－2×柱钢筋保护层厚度＋2×$d_{箍筋}$）×2＋2×l_w ＝$\left(\dfrac{600-2×25-2×10-22}{3}＋22＋2×10\right)×2$ ＋（650－2×25）×2＋2×119＝1861mm	HPB300	98 Φ 10	0.617	112.47
8	③号箍筋	长度＝$\left[\dfrac{b-2×柱钢筋保护层厚度\,c-d_{纵筋}}{纵筋根数-1}×间距个数＋d_{纵筋}＋2×d_{小箍}\right]$ ×2＋（h－2×柱钢筋保护层厚度＋2×$d_{箍筋}$）×2＋2×l_w ＝（600－2×25）×2＋$\left[\left(\dfrac{650-2×25-2×10-22}{4}\right)×2＋22＋2×10\right]$ ＋2×119＝2064mm	HPB300	98 Φ 10	0.617	124.8

柱钢筋材料汇总表 表 3-4

钢筋类型	钢筋直径（mm）	总长度（m）	总重量（kg）
HRB335	Φ 22	186.346	557.18
HPB300	Φ 10	663.83	409.52

3.4 课堂实训项目

1. 实训项目

在读懂并熟悉图集的基础上，分析图纸中关于钢筋计算的知识点，并且总结计算的条件。计算附图"某学院北门建筑工程"钢筋混凝土框架柱的钢筋工程量。绘制框架柱的钢筋计算表和钢筋汇总表。

2. 实训目的

通过识图练习，完成框架柱钢筋的翻样与算量。

3. 实训要求

识读附图"某学院北门建筑工程"，通过设计说明，我们可以找到建筑物的结构形式、抗震等级、混凝土强度等级及钢筋级别和钢筋的连接方式等，同时在结构设计说明中绘制出了相关节点的配筋详图，包括洞口补强、拉结筋等，在计算中应该灵活应用图纸节点详图结合图集解决计算问题。读懂读熟平面整体表示方法中，对柱类型、柱编号、截面尺寸、纵筋和箍筋所表示的含义。找出具有代表性的框架柱进行配筋情况分析，特别是：框架柱钢筋的长度和根数，框架柱的节点构造详图等。

算量要求：能熟练计算所有柱钢筋量。

3.5 课外实训项目

1. 实训项目

计算本套实训教材《工程造价实训用图集》中"某游泳池工程"和"某学院2号教学楼"中钢筋混凝土框架柱的钢筋工程量，绘制钢筋计算表和钢筋汇总表。

2. 实训目的

通过识图练习，完成实训项目中框架柱钢筋的翻样与算量。

3. 实训要求

熟练掌握现浇框架平面整体表示法以及对标准构造详图的理解。在读懂建筑平面施工图基础上，根据实际一套框架结构平法表示图，能熟练理解框架柱的配筋情况并计算指定框架柱的钢筋工程量。

读图要求：读懂读熟平面整体表示方法，对柱类型、柱编号、截面尺寸、纵筋和箍筋所表示的含义。找出具有代表性的框架柱进行配筋情况分析，特别是：框架柱钢筋的长度和根数，框架柱的节点构造详图等。

算量要求：能熟练计算实训项目中所有框架柱钢筋量。

4 梁钢筋翻样与算量实训

梁钢筋翻样与算量实训是建立在梁相关结构和构造知识已经学习完毕，能够熟练识读《混凝土结构施工图平面整体表示方法制图规则和构造详图》前提下，充分利用理论知识，结合实际的结构施工图，对梁钢筋进行翻样和算量，并完成施工过程中钢筋下料和提供钢筋材料单。

梁钢筋翻样与算量实训分三个阶段进行，第一阶段是针对梁钢筋翻样与算量理论知识复习和回顾；第二阶段是认识结构施工图中简单的梁构件，并对梁构件进行钢筋翻样与算量；第三阶段以综合案例的形式进行梁的综合实训。

本教程基础部分着重介绍的是框架梁构件。

4.1 梁钢筋翻样与算量主要训练内容

梁钢筋翻样与算量的主要训练内容及采用施工图见表 4-1。

梁钢筋翻样与算量实训内容　　　　　　　　　　　　　　　　表 4-1

实训知识点	主要工程量计算能力	主要训练内容	选用施工图
梁钢筋翻样与算量	框架梁纵向钢筋计算	上部钢筋（上部贯通钢筋长度和根数）	某学院北门建筑工程施工图
		上部支座非贯通钢筋长度和根数	
		架立钢筋长度和根数	
		中部钢筋 侧面纵向构造钢筋，抗扭钢筋长度和根数	
		下部钢筋长度和根数	
	框架梁箍筋和拉筋计算	箍筋长度和根数	
		拉筋长度和根数	

4.2 梁钢筋翻样与算量

4.2.1 框架梁的制图规则和标准构造详图

梁平法施工图制图规则为在梁平面布置图上采用平面注写方式或截面注写方式表达梁结构设计内容的方法。梁平面注写方式，是指在梁平面布置图上，分别在不同编号的梁中各选一根梁，在其上注写截面尺寸和配筋具体数值的方式来表达梁的平法施工图，平面注写方式的内容包括集中标注内容和原位标注内容两部分。梁截面注写方式是在标准层绘制的梁平面布置图上，分别在不同编号的梁中各选一根梁用剖面号引出配筋图，并在其上注写截面尺寸和配筋等具体数值的方式来表达梁平法施工图。

框架梁的构造详图详见《混凝土结构施工图平面整体表示方法制图规则和构造详图》11G101-1，在课程钢筋翻样与算量中已经介绍，在此不再赘述。

框架梁是建筑结构中非常重要的一个受力构件，根据所在位置不同包括楼层框架梁和屋面框架梁；根据构件变形不同，分为连续框架梁和悬挑框架梁，根据构造要求不同，分为变截面框架梁和框架梁加腋等构造。在本实训教程中，我们着重介绍普通框架梁的计算方法和计算规则。

4.2.2　框架梁钢筋的计算方法

框架梁包括的钢筋有：上部贯通钢筋（通长筋）、支座上部非贯通钢筋、架立钢筋、下部贯通钢筋、下部非贯通钢筋、下部不伸入支座纵向钢筋、中部纵筋，箍筋和拉筋等。

1. 框架梁上部贯通钢筋长度

框架梁上部贯通钢筋长度＝各跨净跨值 l_n 之和＋各支座宽度＋左、右锚固长度。楼层框架梁纵筋构造如图 4-1 所示。

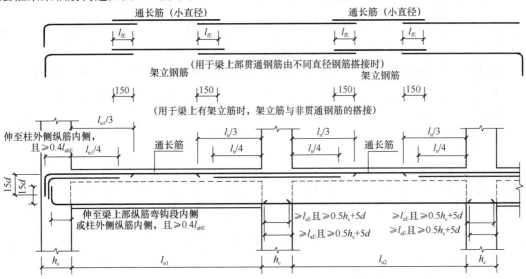

图 4-1　楼层框架梁纵筋构造

关于锚固长度的分析：

（1）当为楼层框架梁时，当端支座宽度 h_c－柱钢筋保护层厚度 $c \geqslant l_{aE}$ 时，锚固长度＝端支座宽度 h_c－柱钢筋保护层厚度 c；当端支座宽度 h_c－柱钢筋保护层厚度 $c < l_{aE}$ 时，锚固长度＝端支座宽度 h_c－柱钢筋保护层厚度 $c + 15d$；

（2）当为屋面框架梁时，根据屋面框架梁纵筋与框架柱纵筋的构造要求：柱纵筋锚入梁中和梁纵筋锚入柱中两种形式，顶层屋面框架梁纵筋的锚固长度计算也有两种形式。当采用柱纵筋锚入梁中的锚固形式时，锚固长度＝端支座宽度 h_c－柱钢筋保护层厚度 c＋（梁高－梁钢筋保护层厚度 c），如图 4-2 所示。

（3）当采用梁纵筋锚入柱中的锚固形式时，锚固长度＝端支座宽度 h_c－柱钢筋保护层厚度 $c + 1.7l_{aE}$，如图 4-3 所示。

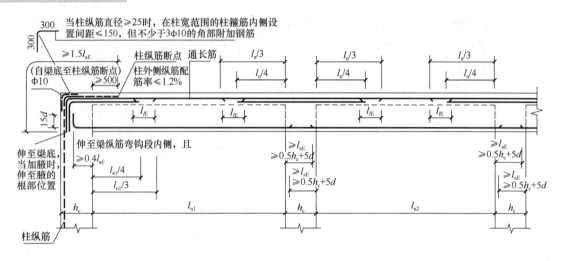

图 4-2　柱外侧纵筋锚入梁中的梁纵筋构造要求

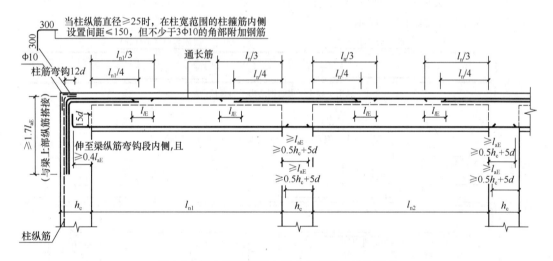

图 4-3　梁上部纵筋锚入柱中的梁纵筋构造要求

2. 框架梁支座上部非贯通钢筋长度（图 4-1）

端支座非贯通钢筋长度＝负弯矩钢筋延伸长度＋锚固长度

中间支座非贯通钢筋长度＝2×负弯矩钢筋延伸长度＋支座宽度

当支座间净跨值较小，左右两跨值较大时，常将支座上部的负弯矩钢筋在中间较小跨贯通设置，此时，非贯通钢筋计算公式：

非贯通钢筋长度＝左跨负弯矩钢筋延伸长度＋右跨负弯矩钢筋延伸长度

＋中间较小跨净跨值＋2×中间支座宽度

关于非贯通钢筋延伸长度和锚固长度分析：

（1）非贯通钢筋的延伸长度

非贯通纵筋位于上部纵筋第一排时，其延伸长度为 $l_n/3$，非贯通纵筋位于第二排时为 $l_n/4$，若由多于三排的非通长钢筋设计，则依据设计确定具体的截断位置。端支座处 l_n 取值为本跨净跨值；中间支座处，l_n 取值为左右两跨梁净跨值的较大值。

（2）锚固长度

同上部通长钢筋长度计算公式中的锚固长度分析内容。

3. 架立钢筋长度

架立钢筋长度计算公式：

架立钢筋长度 = 本跨净跨值 − 左右非贯通纵筋延伸长度 + 2 × 搭接长度

（1）搭接长度

当梁上部纵筋既有贯通筋又有架立钢筋时，架立钢筋与非贯通钢筋的搭接长度为 150mm。

（2）非贯通纵筋延伸长度同"2. 框架梁支座上部非贯通钢筋长度"分析内容。

4. 框架梁下部贯通钢筋（图 4-1）

下部通长钢筋长度计算公式同上部通长钢筋长度计算公式。

5. 下部非通长钢筋长度

下部非通长钢筋长度计算公式：

长度 = 净跨值 + 左锚固长度 + 右锚固长度

关于锚固长度值分析：

（1）梁纵筋在端支座的锚固要求为：当端支座宽度 h_c − 柱钢筋保护层厚度 $c \geqslant l_{aE}$ 时，锚固长度 = 端支座宽度 h_c − 柱钢筋保护层厚度 c；当端支座宽度 h_c − 柱钢筋保护层厚度 $c < l_{aE}$ 时，锚固长度 = 端支座宽度 h_c − 柱钢筋保护层厚度 $c + 15d$；

（2）梁纵筋在中间支座锚固取值为 max$(0.5h_c + 5d, l_{aE})$，当梁的截面尺寸变化时，则应参考相应的标准构造要求取值。

6. 下部不伸入支座钢筋长度（图 4-4）

下部不伸入支座钢筋长度计算公式：

$$长度 = 净跨值\, l_n − 2 \times 0.1 l_{ni} = 0.8 l_{ni}$$

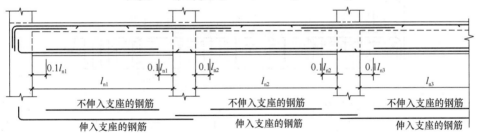

图 4-4　梁下部纵筋不伸入支座构造

7. 梁中部钢筋长度计算方法

梁中部钢筋的形式：构造钢筋（G）和受扭钢筋（N）。

（1）构造钢筋长度计算公式

$$长度 = 净跨值 + 2 \times 15d$$

（2）受扭钢筋长度计算公式

$$长度 = 净跨值 + 2 \times 锚固长度$$

构造钢筋的锚固长度值为 $15d$，受扭钢筋的锚固长度取值与下部纵向受力钢筋相同，通常取 max$(0.5h_c + 5d, l_{aE})$，当梁中部钢筋各跨不同时，应分跨计算，当全跨布置完全相同时，可整体计算。

8. 箍筋和拉筋计算方法

箍筋和拉筋计算包括箍筋和拉筋的长度、根数计算。箍筋和拉筋长度的计算方法与框架柱相同，此处省略。下面介绍箍筋与拉筋根数计算方法。

箍筋根数计算公式：

$$根数 = 2 \times \left(\frac{加密区长度 - 50}{加密区间距} + 1 \right) + \left(\frac{非加密区长度}{非加密区间距} - 1 \right)$$

拉筋根数计算公式：

$$根数 = \frac{梁净跨 - 2 \times 50}{非加密区箍筋间距 \times 2} + 1$$

分析：

(1) 加密区长度 (图 4-5)

梁箍筋加密区范围：一级抗震等级为 max (2h_b, 500mm)，如图 4-5 (a) 所示；二至四级抗震等级为 max (1.5h_b, 500mm)，如图 4-5 (b) 所示。其中，h_b 为梁截面高度。

(2) 拉筋间距与直径

拉筋直径：梁宽≤350mm 时，拉筋直径为 6mm；梁宽＞350mm 时，拉筋直径为 8mm。

拉筋间距的确定：拉筋间距为非加密区箍筋间距的两倍，当有多排拉筋时，上下两排拉筋竖向错开设置。

纵筋根数决定了箍筋的肢数，纵筋在复合箍筋框内按均匀、对称原则布置，计算小箍筋时应考虑上下纵筋的排布关系，可采用按箍筋肢距等分、按主筋根数多的主筋等分、按上部纵筋的根数等分等多种计算方式。工程计算过程中，可根据具体的工程实际采用一种相对比较模糊的算法计算。

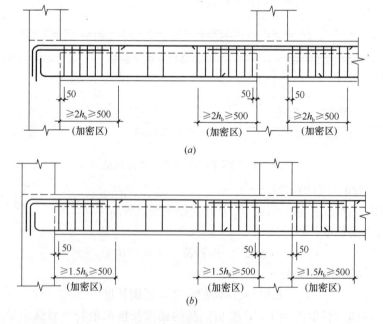

图 4-5　框架梁箍筋构造

(a) 一级抗震等级框架梁箍筋构造；(b) 二至四级抗震等级框架梁箍筋构造

4.2.3　悬臂梁钢筋计算方法

悬臂梁钢筋形式：上部第一排钢筋、上部第一排下弯钢筋、上部第二排钢筋和下部构造钢筋，如图4-6所示。

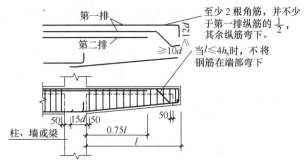

图4-6　悬臂梁标准构造详图

上部第一排钢筋长度计算公式：

长度 ＝ 悬挑梁净长 － 梁钢筋保护层厚度 ＋ 12d ＋ 锚固长度 l_a

上部第一排下弯钢筋长度设计计算公式（当按图纸要求需要向下弯折时）：

长度 ＝ 悬挑梁净长 － 梁钢筋保护层厚度 ＋ 斜段长度增加值 ＋ 锚固长度 l_a

斜段长度增加值 ＝（梁高 － 2×钢筋保护层厚度）×（$\sqrt{2}-1$）

上部第二排钢筋长度计算公式：

长度 ＝ 0.75×悬挑梁净长 ＋ 锚固长度 l_a

下部钢筋长度计算公式：

长度 ＝ 悬挑梁净长 － 梁钢筋保护层厚度 ＋ 锚固长度 12d（15d）

分析：

（1）悬挑端一般不考虑抗震耗能，因此，其受力钢筋的锚固长度通常取值 l_a；

（2）悬挑梁上部受力钢筋的锚固要求与框架梁纵向受力钢筋在柱中的锚固要求相同；

（3）当悬挑梁长度不小于4倍梁高时（$l \geq 4h_b$），悬挑端上部钢筋中，至少有两根角筋并不少于第一排纵筋的一半的钢筋应伸至悬挑端端头，其余钢筋可弯下，梁末端水平段长度不小于10d，如图4-6所示；

（4）悬挑端下部钢筋伸入支座的锚固长度为：15d。

4.2.4　其他形式钢筋计算方法

其他形式钢筋包括吊筋和加腋处钢筋等，如图4-7和图4-8所示。

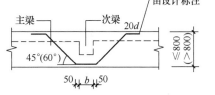

图4-7　吊筋构造

吊筋长度计算公式：

长度 ＝ 次梁宽度 ＋ 2×50 ＋ 斜段长度×2

　　　＋ 20d×2

加腋钢筋有端部加腋钢筋和中间支座加腋钢筋两种形式，其长度计算公式为：

端部加腋钢筋长度＝加腋斜长＋2×l_{aE}

中间支座加腋钢筋长度＝支座宽度＋加腋斜长×2＋2×l_{aE}

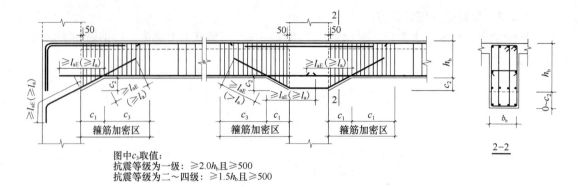

图中c_3取值：
抗震等级为一级：$\geqslant 2.0h_b$且$\geqslant 500$
抗震等级为二～四级：$\geqslant 1.5h_b$且$\geqslant 500$

图 4-8 加腋处钢筋构造

分析：

（1）吊筋斜段长度

斜段长度根据加腋尺寸，由数学中的三角函数求出。

（2）加腋钢筋根数

加腋钢筋根数为梁下纵筋 $n-1$ 根，且不少于 2 根，并插空放置，其箍筋的设置与梁端部箍筋相同。

4.3　框架梁钢筋量计算实例

【例 4-1】如图 4-9 所示，楼层框架梁 KL1 采用混凝土强度等级 C30，环境类别一类，抗震等级一级，柱截面尺寸 600mm × 600mm，框架梁、柱钢筋保护层厚度均为 20mm。$\left(\text{提示：锚固长度公式 } l_a = \alpha \dfrac{f_y}{f_t}d\right)$

要求：（1）计算该 KL1 中的所有钢筋。（不考虑钢筋纵筋的连接接头数量）；

（2）此框架梁为屋面框架梁时，分别采用柱外侧纵筋全部锚入梁内的形式和梁上部钢筋锚入柱中两种形式，分别计算屋面框架梁上部纵筋钢筋量并绘制屋面框架梁上部纵筋翻样图。

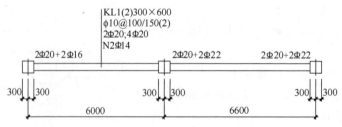

图 4-9　KL1 平法标注内容

【解】由已知条件可知：框架梁、柱钢筋保护层厚度为 20mm。KL1 有两跨，三个支座。上部有 2Φ20 贯通钢筋，只有一排钢筋，第一支座有 2Φ16 非贯通钢筋，伸入梁内的长度是第一净跨的 1/3；中间支座有 2Φ22 非贯通钢筋，伸入梁内的长度是相邻两跨净跨较大值的 1/3，即第二跨净长的 1/3；第三支座有 2Φ22 非贯通钢筋，伸入梁内的长度是第二净跨的 1/3。

中部有 2Φ14 受扭钢筋，两侧各 1 根，端支座锚固构造要求同下部受力钢筋。

下部钢筋只有一排 4Φ20 通长纵筋，伸入端支座锚固。

箍筋为双肢箍，加密区间距为 100mm，非加密区间距为 150mm，加密区间为 max $(2h_b，500)$。由于在实际工程中，箍筋布置时，应满足其间距要求，所以为考虑其实际布置间距，计算箍筋根数时，遇到小数时，进位取整。拉筋根数计算也执行此原则。其他例题同理，不再赘述。具体计算过程如下：

（1）计算净跨

$$l_{n1} = 6000 - 300 \times 2 = 5400\text{mm}，\frac{l_{n1}}{3} = 1800\text{mm}$$

$$l_{n2} = 6600 - 300 \times 2 = 6000\text{mm}，\frac{l_{n2}}{3} = 2000\text{mm}$$

（2）锚固长度

$$h_c - c = 600 - 20 = 580\text{mm}$$

当 $d = 20$ 时，利用公式求锚固长度。$l_{aE} = 0.14 \times \frac{300}{1.43} \times 1.15 \times 20 = 676\text{mm} > 580\text{mm}$

端支座处钢筋采用弯锚形式，$15d = 15 \times 20 = 300\text{mm}$

当 $d = 22$ 时，$l_{aE} = 0.14 \times \frac{300}{1.43} \times 1.15 \times 22 = 743\text{mm} > 580\text{mm}$

端支座处钢筋采用弯锚形式，$15d = 15 \times 22 = 330\text{mm}$

当 $d = 14$ 时，$l_{aE} = 0.14 \times \frac{300}{1.43} \times 1.15 \times 14 = 473\text{mm} < 580\text{mm}$

端支座处钢筋采用直锚形式，锚固长度 $h_c - c = 580\text{mm}$

当 $d = 16$ 时，$l_{aE} = 0.14 \times \frac{300}{1.43} \times 1.15 \times 16 = 540\text{mm} < 580\text{mm}$

端支座处钢筋采用直锚形式，锚固长度 $h_c - c = 580\text{mm}$

（3）KL1 纵筋长度计算

KL1 上部纵向钢筋：

梁上部贯通钢筋①长度＝各跨净跨值 l_n 之和＋各支座宽度＋左、右锚固长度
$$= 5400 + 6000 + 600 + 2 \times (580 + 300) = 13760\text{mm}$$

梁上部左端支座非贯通筋②长度＝负弯矩钢筋延伸长度＋锚固长度
$$= \frac{5400}{3} + 580 = 2380\text{mm}$$

梁上部中间支座非贯通筋③长度＝2×负弯矩钢筋延伸长度＋支座宽度
$$= 2 \times \frac{6000}{3} + 600 = 4600\text{mm}$$

梁上部右端支座非贯通筋④长度＝负弯矩钢筋延伸长度＋锚固长度
$$= \frac{6000}{3} + 580 + 330 = 2910\text{mm}$$

KL1 侧面纵向钢筋：

梁侧面受扭纵筋⑤长度＝各跨净跨值 l_n 之和＋各支座宽度＋左右锚固长度

$$=5400+6000+600+2\times580=13160\text{mm}$$

KL1 下部纵向钢筋：

梁下部贯通钢筋⑥长度＝各跨净跨值 l_n 之和＋各支座宽度＋左右锚固长度

$$=5400+6000+600+2\times(580+300)=13760\text{mm}$$

（4）箍筋计算

箍筋弯钩长度为：$\max(11.9d,75+1.9d)=\max(11.9\times10,75+1.9\times10)=119\text{mm}$

⑦ 箍筋长度计算：箍筋长度 $=(260+560)\times2+119\times2=1878\text{mm}$

⑦ 箍筋根数计算：

$$\text{加密区长度}=\max(2h_b,500)=\max(2\times600,500)=1200\text{mm}$$

$$\text{第一跨箍筋根数}=\left(\frac{1200-50}{100}+1\right)\times2+\left(\frac{5400-2400}{150}-1\right)=45\text{ 根}$$

$$\text{第二跨箍筋根数}=\left(\frac{1200-50}{100}+1\right)\times2+\left(\frac{6000-2400}{150}-1\right)=49\text{ 根}$$

⑦ 箍筋总根数为：$45+49=94$ 根

（5）拉筋计算

⑧ 拉筋间距为箍筋非加密间距的 2 倍，拉筋直径当梁宽不大于 350mm，拉筋直径 $d=6\text{mm}$。

⑧ 拉筋弯钩长度 $=\max(11.9d,75+1.9d)=\max(11.9\times6,75+1.9\times6)=86.4\text{mm}$

⑧ 拉筋长度 $=260+2\times6+86.4\times2=444.8\text{mm}$

⑧ 拉筋根数 $=\dfrac{5400-2\times50}{150\times2}+1+\dfrac{6000-2\times50}{150\times2}+1=40$ 根

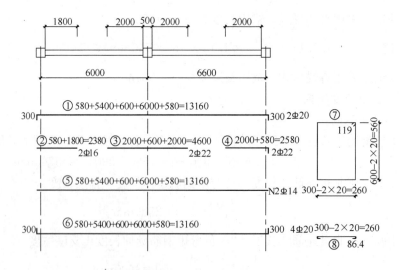

图 4-10 KL1 钢筋翻样图

（6）框架梁钢筋翻样图（图 4-10）

（7）KL1 钢筋计算表（表 4-2）

（8）KL1 钢筋材料汇总表（表 4-3）

KL1 钢筋计算表 表4-2

序号	KL1 钢筋类型	形 状	钢筋长度计算方法和单根长度（mm）	钢筋级别	钢筋直径（mm）和根数	总长度（m）	钢筋米重（kg/m）	总重（kg）
①	梁上部贯通钢筋	300 ⎿13160⏋ 300	① 钢筋长度 =各跨净跨值 l_n 之和+各支座宽度+左右锚固长度=5400+6000+600+2×（580+300）=13760mm	HRB335	2 Φ 20	27.52	2.47	67.97
②	梁上部左端支座非贯通筋	2380	② 钢筋长度 =负弯矩钢筋延伸长度+锚固长度=$\frac{5400}{3}$+580=2380mm	HRB335	2 Φ 16	4.76	1.58	7.52
③	梁上部中间支座非贯通筋	4600	③ 钢筋长度 =2×负弯矩钢筋延伸长度+支座宽度=2×$\frac{6000}{3}$+600=4600mm	HRB335	2 Φ 22	9.20	2.98	27.42
④	梁上部右端支座非贯通筋	2580 ⏌330	④ 长度 =负弯矩钢筋延伸长度+锚固长度=$\frac{6000}{3}$+580+330=2910mm	HRB335	2 Φ 22	5.82	2.98	17.34
⑤	梁侧面受扭纵筋	13160	⑤ 钢筋长度 =各跨净跨值 l_n 之和+各支座宽度+左右锚固长度=5400+6000+600+2×580=13160mm	HRB335	2 Φ 14	26.32	1.21	31.85
⑥	梁下部贯通钢筋	300 ⎿13160⏋ 300	⑥ 钢筋长度 =各跨净跨值 l_n 之和+各支座宽度+左右锚固长度=5400+6000+600+2×（580+300）=13760mm	HRB335	4 Φ 20	55.04	2.47	135.95
⑦	主梁箍筋	119 560 260	⑦ 箍筋长度 =（260+560）×2+119×2=1878mm	HPB300	94 Φ 10	176.53	0.617	108.92
⑧	梁拉筋	260 86.4	⑧ 拉筋长度 =260+2×6+86.4×2=444.8mm	HPB300	40 Φ 6	17.792	0.222	3.950

KL1 钢筋材料汇总表 表4-3

钢筋级别	直径（mm）	总长（m）	总重（t）
HRB335	20	82.56	0.204
HRB335	16	4.76	0.008
HRB335	22	15.02	0.045
HRB335	14	26.32	0.032

续表

钢筋级别	直径（mm）	总长（m）	总重（t）
HPB300	10	176.53	0.109
HPB300	6	17.792	0.004
合计			0.402

屋面框架梁与楼层框架梁的钢筋量计算主要区别在于上层钢筋在端支座位置的锚固要求发生变化。当采用柱外侧纵筋锚入梁内的锚固形式时，梁上部纵筋应伸至梁底部；当采用梁上部钢筋锚入柱内的锚固形式时，梁上部纵筋应伸至柱中，自柱顶算起不小于 $1.7l_{aE}$。因此，其计算过程为：

（1）柱外侧纵筋锚入梁内

梁上部纵筋长度 ＝ 各跨净跨值 l_n 之和 ＋ 支座宽度 ＋（梁高 － 梁钢筋保护层厚度 c）×2

（2）梁上部钢筋锚入柱中

梁上部纵筋长度 ＝ 各跨净跨值 l_n 之和 ＋ 支座宽度 ＋ $1.7l_{aE}$ ×2

两种形式的计算方式如图 4-11 所示。

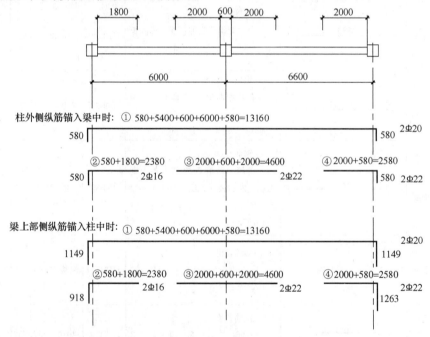

图 4-11　屋面框架梁上部纵向钢筋长度计算

［思考题］同学们完善屋面框架梁的钢筋翻样图并绘制其钢筋计算表。

4.4　课堂实训项目

1. 实训项目

在读懂并熟悉图集的基础上，分析图纸中关于钢筋计算的知识点，并且总结计算的条件。计算附图"某学院北大门建筑工程"钢筋混凝土框架梁的钢筋工程量。绘制框架梁钢筋翻样图，绘制框架梁钢筋计算表和钢筋汇总表。

2. 实训目的

通过识图练习，完成框架梁钢筋的翻样与算量。

3. 实训要求

识读附图"某学院北大门建筑工程"，通过结构设计说明，我们可以找到建筑物的结构形式、抗震等级、混凝土等级、钢筋级别和钢筋的连接方式等，同时在结构设计说明中绘制出了相关节点的配筋详图，包括洞口补强、拉结筋等，在计算中应该灵活应用图纸节点详图结合图集解决计算问题。读懂读熟平面整体表示方法，掌握梁类型、跨数、编号、截面尺寸、纵筋和箍筋等所表示的含义。找出具有代表性的框架梁进行配筋情况分析，特别是：框架梁不同位置钢筋的长度和根数，框架梁的节点构造详图等。

算量要求：能熟练计算框架梁钢筋量。

4.5 课外实训项目

1. 实训项目

计算本套实训教材《工程造价实训用图集》中"某游泳池工程"和"某学院2号教学楼"中钢筋混凝土框架梁和屋面框架梁的钢筋工程量，绘制框架梁钢筋翻样图，绘制框架梁钢筋计算表和钢筋汇总表。

2. 实训目的

通过识图练习，完成实训项目中框架梁钢筋的翻样与算量。

3. 实训要求

熟练掌握现浇框架平面整体表示法以及对标准构造详图的理解。在读懂建筑平面施工图基础上，根据实际一套框架结构平法表示图，能熟练理解框架柱的配筋情况并计算指定框架柱的钢筋工程量。

读图要求：读懂读熟平面整体表示方法，掌握梁类型、跨数、编号、截面尺寸、纵筋和箍筋等所表示的含义。找出具有代表性的框架梁进行配筋情况分析，特别是：框架梁不同位置钢筋的长度和根数，框架梁的节点构造详图等。

算量要求：（1）能熟练计算框架梁钢筋量；

（2）能熟练计算非框架梁钢筋量。（选做）

5 板钢筋翻样与算量实训

楼盖板或屋面板钢筋翻样与算量实训是建立在板相关知识已经学习完毕，能够熟练识读《混凝土结构施工图平面整体表示方法制图规则和构造详图》的前提下，充分利用理论知识，结合实际的结构施工图，对板钢筋进行计算，并完成施工过程中钢筋下料和提供钢筋材料单。

板钢筋翻样与算量实训分三个阶段进行，第一阶段是针对板钢筋翻样与算量理论知识复习和回顾；第二阶段是认识结构施工图中简单的基础构件，并对基础构件进行钢筋翻样与算量；第三阶段以综合案例的形式进行基础的综合实训。

楼板可分为有梁楼盖、无梁楼盖两种形式，本教程基础部分着重介绍的是有梁楼盖构件。

5.1 板钢筋翻样与算量主要训练内容

板钢筋翻样与算量的主要训练内容及见表 5-1。

板钢筋翻样与算量实训内容 表 5-1

实训知识点	主要工程量计算能力	主要训练内容	选用施工图
板钢筋翻样与算量	板中的受力钢筋	板上部贯通钢筋的长度和根数	某学院北门建筑工程施工图
		板下部受力钢筋的长度和根数	
		板上部非贯通钢筋的长度和根数	
	板中的分布钢筋	板中的分布钢筋	

5.2 有梁楼盖钢筋翻样与算量

5.2.1 有梁楼盖的制图规则和标准构造详图

现浇混凝土有梁楼面板与屋面板是指以梁为支座的楼面与屋面板，有梁楼面板的制图规则同样适用于梁板式转换层、剪力墙结构、砌体结构、有梁地下室的楼面与屋面板的设计施工图。有梁楼面板平法施工图是指在楼面板和屋面板布置图上，采用平面注写的表达方式，与传统板施工图绘制方式有所不同。板平面注写主要包括：板块集中标注和板支座原位标注。

现浇混凝土楼面板与屋面板标准构造详图着重介绍有梁楼盖部分的内容，有梁楼盖的构造详图详见《混凝土结构施工图平面整体表示方法制图规则和构造详图》11G101-1，在课程《钢筋翻样与算量》中已经介绍，在此不再赘述。此处无梁楼盖略去不讲解。

5.2.2　有梁楼盖钢筋的计算方法

楼面板和屋面板按照钢筋位置不同可以分为：板上部钢筋和下部钢筋。

板上部钢筋：贯通钢筋（X 向钢筋和 Y 向钢筋）、端支座钢筋（非贯通钢筋和分布钢筋）、中间支座钢筋（非贯通钢筋和分布钢筋）和构造钢筋、温度筋；

下部钢筋：贯通钢筋（X 向钢筋和 Y 向钢筋）。

1. 板下部钢筋计算方法

板下部钢筋（包括 X 向和 Y 向钢筋）要求贯通布置，如图 5-1 和图 5-2 所示，长度和根数的计算方法为：

$$下部钢筋长度 = 板净跨 + 左锚固长度 + 右锚固长度(+2×弯钩长度)$$

$$下部钢筋根数 = (板净跨 - 板筋间距)/板筋间距 + 1$$

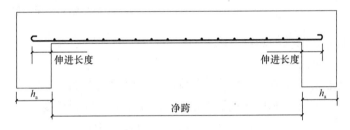

图 5-1　板下部钢筋长度计算示意图

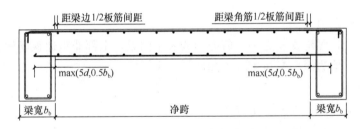

图 5-2　板下部钢筋根数计算示意图

分析：

（1）锚固长度取值

当板端支座为框架梁、剪力墙、圈梁时，根据标准构造要求为：板下部钢筋锚入支座内的锚固长度取 max（$5d$，0.5×支座宽度）；当板端支座为砌体墙时，锚固长度取 max（120，板厚 h，墙厚/2）。

（2）弯钩长度

当板下部钢筋采用 HPB300 级钢筋时，钢筋端头需有 180°弯钩，计算钢筋时应将钢筋的弯钩长度计算在内；其他等级钢筋不设弯钩。

（3）布筋范围

首根钢筋距支座边缘距离分析：

板筋布置是在板带净跨范围内。在《混凝土结构施工图平面整体表示方法制图规则和构造详图》11G101-1 中，板内梁边首根钢筋距离梁边间距是板钢筋间距的一半，右 12G901-1 中标注为距梁边 50mm，因此，两边距离可按板筋间距的一半或 50mm 进行详细计算。

2. 板上部贯通钢筋计算方法

根据标准构造详图所示，板上部贯通钢筋的长度与根数计算方法：

$$贯通钢筋长度 = 板净跨长度 + 锚固长度$$

$$贯通钢筋根数 = \frac{布筋范围}{板筋间距} + 1$$

分析：

（1）锚固长度取值

在板端支座处，无论支座是梁、剪力墙或者是圈梁，上部贯通钢筋的锚入支座的长度应满足伸至边缘，弯折 15d 的要求。以板端支座梁为例，如图 5-3 所示。

（2）布筋范围

同板底部钢筋分布范围的确定方法。

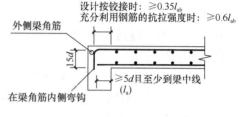

图 5-3 板端支座非贯通钢筋长度计算示意图

3. 板端支座非贯通钢筋

板端支座非贯通钢筋如图 5-3 所示，长度与根数计算方法为：

$$端支座非贯通钢筋长度 = 板内尺寸 + 锚固长度$$

$$端支座非贯通钢筋根数 = \frac{布筋范围}{板筋间距} + 1$$

分析：

（1）锚固长度取值

在板端支座处，无论支座是梁、剪力墙或者是圈梁，上部非贯通钢筋的锚入支座的长度应满足伸至梁、墙边缘，弯折 15d 的要求。

（2）布筋范围

同板底部钢筋分布范围的确定方法。

4. 板端支座非贯通钢筋中的分布钢筋

端支座非贯通钢筋中的分布钢筋如图 5-4 所示，长度和根数计算方法为：

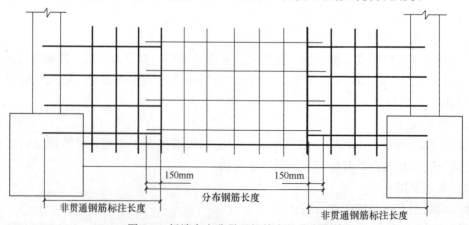

图 5-4 板端支座非贯通钢筋中的分布钢筋

$$长度 = 板中线长度 - 左右负筋标注长度 + 150 \times 2$$

$$根数 = \frac{负弯矩钢筋板内净长 - \frac{1}{2}分布筋间距}{分布筋间距} + 1$$

分析:

(1) 非贯通钢筋的分布钢筋长度确定

分布钢筋的两端与另一垂直方向的非贯通钢筋搭接时,其搭接长度为 150mm。

(2) 非贯通钢筋的分布钢筋布置范围

分布钢筋的布置范围为两侧非贯通钢筋端部之间的范围。

5. 板中间支座非贯通钢筋

板中间支座非贯通钢筋如图 5-5 所示,长度和根数计算方法为:

$$中间支座非贯通钢筋长度 = 标注长度 A + 标注长度 B + 弯折长度 \times 2$$

$$中间支座非贯通钢筋根数 = \frac{净跨 - 2 \times 50}{板筋间距} + 1$$

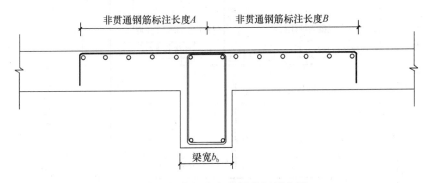

图 5-5 板中间支座非贯通钢筋布置

分析:

(1) 标注长度

板中非贯通钢筋自梁(支座)中线标注其延伸长度值,故板中非贯通钢筋的标注长度 A 或 B 值直接取标注值即可。

(2) 弯折长度

板中非贯通钢筋竖直弯折部分通常为直接放置在板底部,故弯折长度取值为:

$$弯折长度 = 板厚 - 板钢筋保护层厚度$$

(3) 布筋范围

同板底部钢筋分布范围的确定方法。

6. 板温度钢筋

温度筋的设置:在温度收缩应力较大的现浇板内,应在板的未配筋表面布置温度筋,如图 5-6 所示。温度筋的主要作用是抵抗温度变化现浇板内引起的约束拉应力和混凝土的收缩应力。《混凝土结构设计规范》GB 50010—2010 规定,"温度筋可利用原有上部钢筋贯通布置,也可另行设置钢筋网,并与原有钢筋按受拉钢筋要求搭接或者在板周边构件内锚固。"

$$温度筋长度 = 中线长度 - 左右负弯矩钢筋标注长度 + 搭接长度 \times 2$$

$$温度筋根数 = \frac{中线长度 - 左右负弯矩钢筋标注长度}{温度钢筋间距} - 1$$

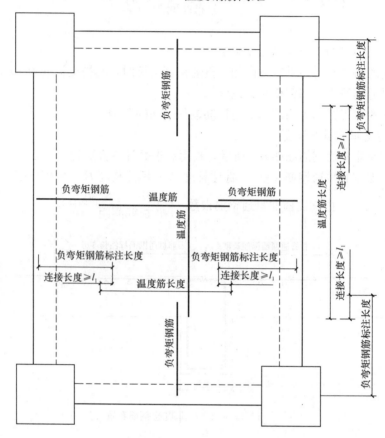

图 5-6　板中温度筋分布示意图

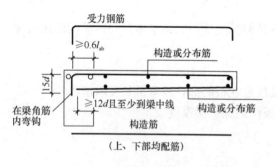

图 5-7　纯悬挑板钢筋计算示意图

5.2.3　纯悬挑板的钢筋计算方法

1. 纯悬挑板上部钢筋计算

纯悬挑板上部受力钢筋如图 5-7 所示，长度与根数计算方法为：

$$长度 = 悬挑板净跨 - 板钢筋保护层厚度 c + 锚固长度 + (h_1 - 板钢筋保护层厚度 c \times 2) + 弯钩长度$$

$$根数 = \frac{悬挑板长度 - 板钢筋保护层厚度 c \times 2}{上部受力钢筋间距} + 1$$

纯悬挑板上部分布钢筋长度与根数计算：

$$长度 = 悬挑板长度 - 板钢筋保护层厚度 c \times 2$$

$$根数 = \frac{悬挑板净跨 - \dfrac{分布钢筋间距}{2} - 板钢筋保护层厚度 c}{上部分布钢筋间距} + 1$$

2. 纯悬挑板下部钢筋计算

48

纯悬挑板下部构造钢筋长度与根数计算，如图 5-7 所示。

长度 ＝ 悬挑板净跨 － 保护层厚度 ＋ max(0.5 支座宽度，12d) ＋ 弯钩长度 × 2

$$根数 ＝ \frac{悬挑板长度 － 板钢筋保护层厚度 c × 2}{下部构造钢筋间距} ＋ 1$$

纯悬挑板下部分布钢筋长度与根数计算：

长度 ＝ 悬挑板长度 － 板钢筋保护层厚度 c × 2

$$根数 ＝ \frac{悬挑板净跨长度 － \dfrac{分布筋的间距}{2} － 板钢筋保护层厚度 c}{分布钢筋间距} ＋ 1$$

5.3 有梁楼盖钢筋工程量实例训练

【例 5-1】某工程中的两跨楼板，LB3 和 LB5 采用 C25 级混凝土，板内钢筋全部采用 HPB300 级钢筋，梁宽 300mm，梁钢筋保护层厚为 20mm，板保护层厚为 15mm，分布筋采用 Φ 8@250，板内钢筋布置如图 5-9 所示。板上部钢筋锚入到梁中长度按充分利用钢筋的抗拉强度计算图 5-8 所示，不考虑温度筋设置。 （提示：$f_y ＝ 270N/mm^2$，$f_t ＝ 1.27N/mm^2$，$\alpha＝0.16$，锚固长度公式 $l_{ab} ＝ \alpha \dfrac{f_y}{f_t}d$）

计算 LB3、LB5 内全部钢筋。

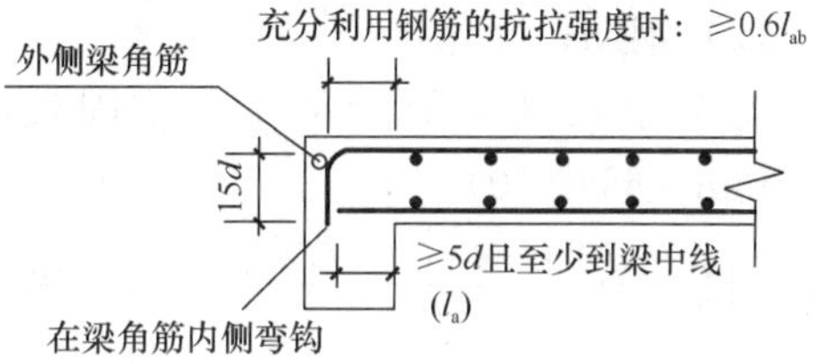

【解】LB3 和 LB5 为两块相邻的板。LB3 的板块集中标注为：板厚 150mm，假设 LB3 底部钢筋 X 向⑤和 Y 向⑥均为 Φ 8，间距 150mm 的钢筋，上部 X 向⑦为 Φ 8 间距 150mm 的钢筋。LB5 的板块集中标注为：板厚 150mm，底部钢筋 X 向⑧为 Φ 10 间距 135mm 的钢筋，Y 向⑨为 Φ 10 间距 100mm 的钢筋。

板支座原位标注内容：上部钢筋编号分别为①、②、③和④钢筋。②、③和④自梁中线向板内延伸的长度为 1800mm，①钢筋贯通 LB3，并从梁中线向板内延伸 1800mm。

LB5 上部 X 向的分布钢筋为⑩钢筋，LB5 上部 Y 向的分布钢筋为⑪钢筋，布置方式都是 Φ 8@250。具体计算过程如下：

（1）锚固长度计算

当 $d ＝ 10mm$ 时，$l_{ab} ＝ 0.16 \times \dfrac{270}{1.27} \times 10 ＝ 340.2mm$，$0.6 \times l_{ab} ＝$

图 5-8 板上部钢筋锚入梁中规则示意图

充分利用钢筋的抗拉强度时：≥$0.6 l_{ab}$
外侧梁角筋
15d
≥5d 且至少到梁中线（l_a）
在梁角筋内侧弯钩

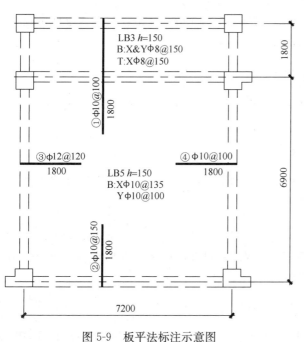

图 5-9 板平法标注示意图

图中标注：
LB3 h=150
B:X&YΦ8@150
T:XΦ8@150
①Φ10@100
1800
③ϕ12@120
1800
④ Φ10@100
1800
LB5 h=150
B:XΦ10@135
YΦ10@100
②ϕ10@150
1800
1800
6900
7200

$0.6 \times 340.2 = 204.12$mm，为方便计算，①、②和④钢筋在端支座伸入的水平段长度取 280mm，即 280mm＞204.12mm 满足锚固要求。因此，①、②和④钢筋弯锚入支座中长度＝梁宽－梁钢筋保护层厚度＋15d＝300－20＋15×10＝430mm。

当 $d = 12$mm 时，$l_{ab} = 0.16 \times \dfrac{270}{1.27} \times 12 = 408.2$mm，$0.6 \times l_{ab} = 0.6 \times 408.2 = 244.92$mm，为方便计算，③钢筋在端支座伸入的水平段长度取 280mm，即 280mm＞244.92mm 满足锚固要求。因此，③钢筋弯锚入支座中长度＝梁宽－梁钢筋保护层厚度＋15d＝300－20＋15×12＝460mm。

当 $d = 8$mm 时，$l_{ab} = 0.16 \times \dfrac{270}{1.27} \times 8 = 272.12$mm，$0.6 \times l_{ab} = 0.6 \times 272.12 = 163.28$mm，为方便计算，⑦钢筋在端支座伸入的水平段长度取 280mm，即 280mm＞163.28mm 满足锚固要求。因此，⑦钢筋弯锚入支座中长度＝梁宽－梁钢筋保护层厚度＋15d＝300－20＋15×8＝400mm。

板下部钢筋锚入支座长度取 max（0.5b_b，5d）＝150mm，因此⑤、⑥、⑧和⑨钢筋伸入支座为 150mm。

（2）钢筋长度计算

① 钢筋长度＝板内尺寸＋锚固长度＝（150－15＋1800＋1800－150）＋430＝4015mm（69φ10）

$$根数 = \frac{7200 - 300 - 50 \times 2}{100} + 1 = 69 \text{ 根}$$

② 钢筋长度＝板内尺寸＋锚固长度＝（150－15＋1800－150）＋430＝2215mm（46φ10）

$$根数 = \frac{7200 - 300 - 75 \times 2}{150} + 1 = 46 \text{ 根}$$

③ 钢筋长度＝板内尺寸＋锚固长度＝（150－15＋1800－150）＋460＝2245mm（55φ12）

$$根数 = \frac{6900 - 300 - 60 \times 2}{120} + 1 = 55 \text{ 根}$$

④ 钢筋长度＝板内尺寸＋锚固长度＝（150－15＋1800－150）＋430＝2215mm（66φ10）

$$根数 = \frac{6900 - 300 - 50 \times 2}{100} + 1 = 66 \text{ 根}$$

⑤ 钢筋长度＝板净跨长度＋左锚固长度＋右锚固长度＋2×弯钩长度＝（7200－300）＋150×2＋2×6.25×8＝7300mm（10φ8）

$$根数 = \frac{1800 - 300 - 75 \times 2}{150} + 1 = 10 \text{ 根}$$

⑥钢筋长度＝板净跨长度＋左锚固长度＋右锚固长度＋2×弯钩长度＝（1800－300）＋150×2＋2×6.25×8＝1900mm（46φ8）

$$根数 = \frac{7200 - 300 - 75 \times 2}{150} + 1 = 46 \text{ 根}$$

⑦ 钢筋长度＝板净跨长度＋锚固长度＝（7200－300）＋400×2＝7700mm（10φ8）

$$根数=\frac{1800-300-75\times2}{150}+1=10 \text{根}$$

⑧ 钢筋长度＝板净跨长度＋左锚固长度＋右锚固长度＋2×弯钩长度＝（7200－300）＋150×2＋2×6.25×10＝7325mm（49Φ10）

$$根数=\frac{6900-300-135}{135}+1=49 \text{根}$$

⑨ 钢筋长度＝板净跨＋左锚固长度＋右锚固长度＋2×弯钩长度＝（6900－300）＋150×2＋2×6.25×10＝7025mm（69Φ10）

$$根数=\frac{7200-300-50\times2}{100}+1=69 \text{根}$$

⑩ 钢筋长度＝板中线长度－左右负筋标注长度＋150×2＝7200－1800×2＋150×2＝3900mm（16Φ8）

$$根数=\left(\frac{1800-150-125}{250}+1\right)\times2=16 \text{根}$$

⑪钢筋长度＝板中线长度－左右负筋标注长度＋150×2＝6900－1800×2＋150×2＝3600mm（16Φ8）

$$根数=\left(\frac{1800-150-125}{250}+1\right)\times2=16 \text{根}$$

（3）楼板钢筋计算表（表5-2）

（4）钢筋汇总表（表5-3）

楼板钢筋计算表   表5-2

编号	楼板钢筋类型	钢筋长度计算方法和单根长度（mm）	钢筋直径（mm）	根数（根）	总长度（m）	钢筋米重（kg/m）	总重（kg）
①	LB3和LB5上部Y向钢筋	①钢筋长度＝板内尺寸＋锚固长度＝（150－15＋1800＋1800－150）＋430＝4015mm	Φ10	69	277.035	0.617	170.931
②	LB5上部Y向钢筋	②钢筋长度＝板内尺寸＋锚固长度＝（150－15＋1800－150）＋430＝2215mm	Φ10	46	101.89	0.617	62.866
③	LB5上部左支座处X向钢筋	③钢筋长度＝板内尺寸＋锚固长度＝（150－15＋1800－150）＋460＝2245mm	Φ12	55	123.475	0.888	109.646
④	LB5上部右支座处X向钢筋	④钢筋长度＝板内尺寸＋锚固长度＝（150－15＋1800－150）＋430＝2215mm	Φ10	66	146.19	0.617	90.199
⑤	LB3下部X向钢筋	⑤钢筋长度＝板净跨＋左锚固长度＋右锚固长度＋2×弯钩长度＝（7200－300）＋150×2＋2×6.25×8＝7300mm	Φ8	10	73	0.395	28.835
⑥	LB3下部Y向钢筋	⑥钢筋长度＝板净跨＋左锚固长度＋右锚固长度＋2×弯钩长度＝（1800－300）＋150×2＋2×6.25×8＝1900mm	Φ8	46	87.4	0.395	34.523

续表

编号	楼板钢筋类型	钢筋长度计算方法和单根长度 (mm)	钢筋直径 (mm)	根数 (根)	总长度 (m)	钢筋米重 (kg/m)	总重 (kg)
⑦	LB3 上部 X 向钢筋	⑦钢筋长度＝板净跨长度＋锚固长度＝（7200－300）＋400×2＝7700mm	Φ8	10	77	0.395	30.415
⑧	LB5 下部 X 向钢筋	⑧钢筋长度＝板净跨＋左锚固长度＋右锚固长度＋2×弯钩长度＝（7200－300）＋150×2＋2×6.25×10＝7325mm	Φ10	49	358.925	0.617	221.457
⑨	LB5 下部 Y 向钢筋	⑨钢筋长度＝板净跨＋左锚固长度＋右锚固长度＋2×弯钩长度＝（6900－300）＋150×2＋2×6.25×10＝7025mm	Φ10	69	484.725	0.617	299.075
⑩	X 向分布钢筋	⑩钢筋长度＝板轴线长度－左右负筋标注长度＋150×2＝7200－1800×2＋150×2＝3900mm	Φ8	16	62.4	0.395	24.648
⑪	Y 向分布钢筋	⑪钢筋长度＝板轴线长度－左右负筋标注长度＋150×2＝6900－1800×2＋150×2＝3600mm	Φ8	16	57.6	0.395	22.752

楼板钢筋汇总表　　　　　　　　　　　　　表 5-3

钢筋级别	钢筋直径	总长度（m）	总重量（kg）
HPB300 级	Φ10	1368.765	844.528
HPB300 级	Φ12	123.475	109.646
HPB300 级	Φ8	357.4	141.173
合　　计			1095.347

5.4 课堂实训项目

1. 实训项目

在读懂并熟悉图集的基础上，分析图纸中关于钢筋计算的知识点，并且总结计算的条件。计算附图"某学院北大门建筑工程"钢筋混凝土楼板的钢筋工程量。绘制楼盖钢筋计算表和钢筋汇总表。

2. 实训目的

通过识图练习，完成楼盖钢筋的翻样与算量。

3. 实训要求

识读附图"某学院北大门建筑工程"，通过设计说明，我们可以找到建筑物的结构形式、抗震等级、混凝土等级及钢筋级别和钢筋的连接方式等，同时在结构设计说明中绘制出了相关节点的配筋详图，包括洞口补强、拉结筋等，在计算中应该灵活应用图纸节点详图结合图集解决计算问题。读懂读熟平面整体表示方法，掌握楼板编号、楼板厚度、受力钢筋和分布钢筋位置所表示的含义。找出具有代表性的楼板进行配筋情况分析，特别是：楼板不同位置的钢筋长度和根数，楼板的节点构造详图等。

算量要求：能熟练计算楼板钢筋量。

5.5　课外实训项目

1. 实训项目

计算本套实训教材《工程造价实训用图集》中"某游泳池工程"和"某学院 2 号教学楼"中钢筋混凝土楼板的钢筋工程量，绘制楼板钢筋计算表和钢筋汇总表。

2. 实训目的

通过识图练习，完成实训项目中楼板钢筋的翻样与算量。

3. 实训要求

熟练掌握现浇框架平面整体表示法以及对标准构造详图的理解。在读懂建筑平面施工图基础上，根据实际一套框架结构平法表示图，能熟练理解框架柱的配筋情况并计算指定框架柱的钢筋工程量。

读图要求：读懂读熟平面整体表示方法，掌握楼板编号、楼板厚度、受力钢筋和分布钢筋位置所表示的含义。找出具有代表性的楼板进行配筋情况分析，特别是：楼板不同位置的钢筋长度和根数，楼板的节点构造详图等。

算量要求：能熟练计算楼板钢筋量。

第2篇 软件计算钢筋工程量

6 软 件 概 述

6.1 工 作 原 理

6.1.1 钢筋布置

现实中我国的房屋建筑用材是以钢筋混凝土为主。在工程量计算中，对钢筋工程量的计算是一项繁重的工作。工程量清单规范和各地的建筑工程消耗量定额中，对于钢筋工程量都是以重量为计量单位，而不采用体积或面积，这是由于钢筋不能用具体形状表述的缘故。在房屋构件中，每种构件的钢筋构造都有规定好的形式和条件，故钢筋计算主要依据它的主体构件，也就是说在软件中布置钢筋必须有它所依附的构件。用软件计算钢筋不需建模，但要对结构中的柱、梁、墙、板等构件进行钢筋布置。

6.1.2 钢筋分类

考察钢筋在混凝土中的构造形式，钢筋会随着构件的名称和结构类型不同而不同，这是由构件的受力形式引起的。如柱，如果不考虑柱子的偏心压力和剪切破坏等作用，则钢筋在柱子中只起到使柱子成型和帮助柱子抵抗竖向荷载的作用；如梁，在结构中主要抵抗弯矩，故布置在梁内受拉伸一侧的钢筋就会加多加粗。在不同应力的影响下，钢筋的搭接和锚固构造会有长度控制的要求。为了在进行钢筋计算时，让软件正确根据规范、标准等规定自动判定钢筋的构造形式，软件对钢筋与构件的关系进行了分类，具体见表6-1。

软件中钢筋的分类

表 6-1

分 类	举 例	作 用
构件分类名称	独基、条基、柱、墙、梁、板、构造柱、圈梁等	钢筋随构件名称分类，布置钢筋时选中的构件，软件会自动对应该构件有什么钢筋需布置
钢筋分类名称	如梁：有面筋、底筋、支座钢筋、箍筋、拉筋、腰筋、悬挑面筋、悬挑底筋、梁其他钢筋	在一类构件中，使用的钢筋都有固定的位置、用途以及形状，将这些钢筋归类到对应的钢筋类型下，便于钢筋作对应的构造判定
钢筋名称	上面已经将钢筋做了分类，但与钢筋的实际仍有出入，如柱子的纵向钢筋出现带下锚和带下弯的内容时，其钢筋就必须带有相关信息的名称	钢筋名称能让钢筋在计算时，更准确地定位到相应的计算公式，使其能准确计算筋的工程量

6.1.3 内置的钢筋计算规则

软件中的钢筋计算，都是依据国家现行规范和标准定义的，特别是《混凝土结构施工图平面整体表示方法制图规则和构造详图》标准图集（以下简称"平法"），是指导软件进行钢筋公式编辑的主要文件。钢筋工程量计算不像建筑构件，有大量的扣减计算规则。钢筋的规则很简单，一般只要分清构件是现浇、预制和不同钢种和规格，分别按设计长度乘以单位重量，以吨计算；其他就是对于钢筋的搭接、锚固、在什么施工方式下的长度预留等规定。软件中最主要的规则选项是在"工程设置"时，要选择好对应的"钢筋标准"，钢筋标准与平法图集的版本有关。前面介绍了钢筋的计算是"按国家现行规范和标准定义"，这里为什么还要"选择"呢？是考虑有些工程项目是多年以前施工的，而结算时用现在的钢筋标准，可能就是错的，所以软件的钢筋标准选择保留有历史上的标准，以供使用者选择。

6.1.4 软件遵循原则

对于钢筋布置的计算，软件遵循的原则是：

（1）同编号原则：即只需在界面中布置一个编号构件钢筋，则其余同编号构件上就会有布置的钢筋。

（2）选多跨段梁布置钢筋原则：对于基础梁、圈梁这种多跨段的构件，只要是截面一样、配筋一样的梁段，无论梁的跨段多少，很多设计就是一个编号。碰到此种情况，软件是按照从第一跨开始至最后一跨梁段进行各条梁进行钢筋匹配。如编号为 JL-1 的基础梁，有 4 根，分别有 3 跨、5 跨、6 跨和 8 跨，如果我们只在 3 跨的梁上布置钢筋，则钢筋只会对应到其他梁的 1、2、3 号跨段上，后面跨段上就会没有钢筋的匹配，所以软件对跨段不同的同编号梁，布置钢筋要选择跨段最多的梁。

（3）水平构件钢筋锚固长度条件取支座构件的原则：房屋构造中的梁、板基本都是由支座支撑的构件，在软件中对于此种构件的钢筋锚固长度，默认都是取支座构件的材料和抗震等级来判定的。钢筋的搭接长度，软件一般按构件本身的材料和抗震等级来判定，这是由于搭接都是在构件本身内的缘故。

（4）平法原则：软件内的钢筋计算公式和判定式，均按照现行《混凝土结构施工图平面整体表示方法制图规则和构造详图》标准图集和有关规范和标准制定。

（5）分布钢筋按"0"起头原则：所谓分布钢筋是指需要根据排布距离计算出根数的钢筋，如柱、梁的箍筋，墙、板的分布筋等，此类钢筋的计算均为扣减保护层厚度或规定的预留距离后开始第一根钢筋布置。对于直径不一样按隔一布一的钢筋，第一根为直径大的钢筋。

6.2 专 业 配 合

6.2.1 构件、钢筋专业配合

一栋房屋从用途到设施配置在进行规划和设计时，就已经做了统一的安排，特别是钢筋混凝土结构的房屋，其钢筋的布置与构造是与构件的结构类型、混凝土的强度等级、构件的尺寸大小、抗震等级、构件所处房屋的楼层位置、平面位置等有关。

为准确计算钢筋工程量，在进行构件布置时，就应将计算钢筋的判定条件设置好并将构件模型创建好。构件对钢筋计算的影响有以下几个方面：

（1）构件的材料：指构件的混凝土强度等级。

（2）构件的抗震等级：结构的抗震等级，注意！抗震等级有些设计说明并不会指明某类柱、某类墙、梁等，而是指"框架"、"剪力墙"，此时读者要区分清楚。

（3）构件名称：有些构件在软件中建模都是同样的形状，如梁和基础梁。软件中的形状是长条形，但钢筋在这两种构件内的构造方式不一样，所以要注意布置时指定好构件名称。

（4）构件的结构类型：虽然构件的名称指定是对的，结构类型错了，软件也会判定错误。如梁的框架梁和普通梁，其钢筋构造是不一样的。

（5）构件位置：构件在楼层中有"平面位置"和"楼层位置"之分，平面位置指"角、中、边"位置，楼层位置指"底、中、顶和独一层"楼层。软件对构件位置的默认都是"中间"，是考虑一栋房屋（多楼层的）中间楼层多，平面上的构件也是中间构件多的原因，除非工程项目很小，只有两个楼层。

（6）跨号：跨号很重要，如果只计算构件工程量，跨号没有作用，计算钢筋则不同。跨号是确定支座所处位置的，多跨梁、墙，在支座处有时会布置"负弯矩筋（支座筋）"，如果跨号不对，可能的原因一是钢筋布置会混乱，二是梁的同编号钢筋原则执行不了。

（7）构件连接关系：布置到界面中的构件，有时我们会忽略检查构件之间的连接是否正常，如梁、板与支座是否接触，又或者应该分开，这些问题都会影响钢筋的计算判定。特别是大型工程项目，由于比例关系，我们在界面上可能看不到这些错误，而实际上构件之间的"分离或接触类"错误已经存在，这时由于错误的原因布置上的钢筋也就判定错误了。注意！特别是识别的构件，模型建完后一定要用软件的"图形检查"功能进行检查，消除那些有问题的部位。另一种就是上下楼层构件的连接关系。布置构件时我们是在当前楼层内进行操作，往往不会考虑钢筋与其他楼层的关系，所以会忽略一些计算钢筋的判定条件，如柱、墙构件一般会从底下楼层构件中伸插筋进行钢筋搭接，这时就应该给当前布置的柱、墙构件指定好与下层连接的构件，否则也会判定错误或不会判定插筋。

6.2.2　软件符合的专业算量要求

前面说到，软件内置的钢筋计算和判定公式都是来自《混凝土结构施工图平面整体表示方法制图规则和构造详图》标准图集或相关的规范、标准。但"平法"只适合框架、剪力墙等结构，对于此类结构直接使用软件进行钢筋布置即可。对于砖混结构，劲性钢结构有时需要调整钢筋的计算长度，所以软件的公式和判定都是开放的，读者遇到此类结构可以到软件中的"钢筋选项"和"钢筋维护"两个功能对话框中调整相关内容即可，亦可以在"钢筋布置"对话框中对单根的钢筋进行公式修改，以满足钢筋特殊计算要求。

6.3　软　件　特　点

三维算量 3DA 软件集专业、易用、智能、可视化于一体，主要特点如下：

（1）三维可视：三维模型超级仿真，多视图观察，三维状态下动态修改与核对，填补国内算量软件空白。

（2）集成一体：共享建筑模型数据，一图五用，快速、准确计算清单、定额、构件实物量、钢筋和进度工程量。

（3）操作易用：系统功能高度集成，操作统一，流水性的工作流程。

（4）系统智能：首创识别设计院 CAD 电子文档，加快建模速度。

（5）界面友好：全面采用 Windows XP 风格，使用方便、简洁，操作统一易上手。

（6）计算准确：根据各地计算规则，分析构件三维搭接关系，准确自动扣减。

（7）输出规范：报表设计灵活，提供全国各地常用报表格式，按需导出计价或 Excel。

（8）标准一致：建筑与钢筋建模一体，与现行"混凝土结构施工图平面整体表示方法制图规则和构造详图"一致，对学校教授此课有极大帮助。

（9）专业性强：软件中的内容全部来自现行国家规范和标准，理论与实际结合，极大利于学生学习，学生可以利用软件建模操作验证理论知识中的难点。

7 常用操作方法

7.1 流　　程

运用三维算量 3DA 计算钢筋工程量大致为以下几个步骤：

（1）为该工程建立一个新的工程文件名称；

（2）设置工程的计算模式和依据，建立楼层信息；

（3）定义该工程的构件、钢筋工程量计算规则以及其他选项；

（4）定义各构件的相关属性值；

（5）有电子图文档的用户，可导入电子图文档进行构件识别；没有电子图文档的，则通过系统提供的构件布置功能，进行手工布置构件，包括构件定位轴网、柱、梁、墙、板构件；

（6）对钢筋混凝土构件布置钢筋，此步可在定义构件时同时进行，对于简单工程建议这样操作，复杂工程应该视钢筋的调整难度而选择布置钢筋的先后方式；

（7）分析计算和统计构件和钢筋工程量，校核、调整工程量结果；

（8）报表输出、打印。

本软件的快速操作流程，如图 7-1 所示。

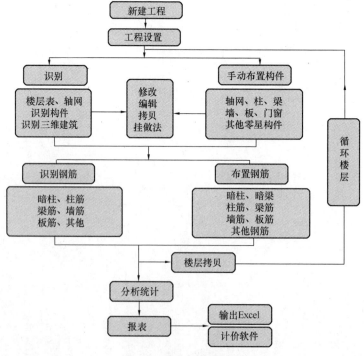

图 7-1　快速操作流程图

7.2 钢 筋 定 义

钢筋定义主要是"工程设置"，因为钢筋的计算主要根据构件的混凝土强度等级、抗震等级、构件名称和结构类型以及构件在建筑中的位置等确定。钢筋布置后有些判定内容可以在界面中的构件分析得到，而有些条件则必须在布置钢筋之前就需要定义好。

钢筋定义主要在"工程设置"对话框中和"构件编号"定义对话框中进行。读者可通过扫描本书封面的二维码观看部分软件操作视频，相关 CAD 图纸和软件操作说明可登录本教材版权页的对应链接下载。

7.3 钢 筋 选 项

钢筋选项对话框共有 4 个设置页面，分别是"钢筋设置"、"计算设置"、"节点设置"、"识别设置"。点击页面标题便可进入相应的设置页面。

7.3.1 钢筋设置

钢筋选项第一页面"钢筋设置"如图 7-2 所示。

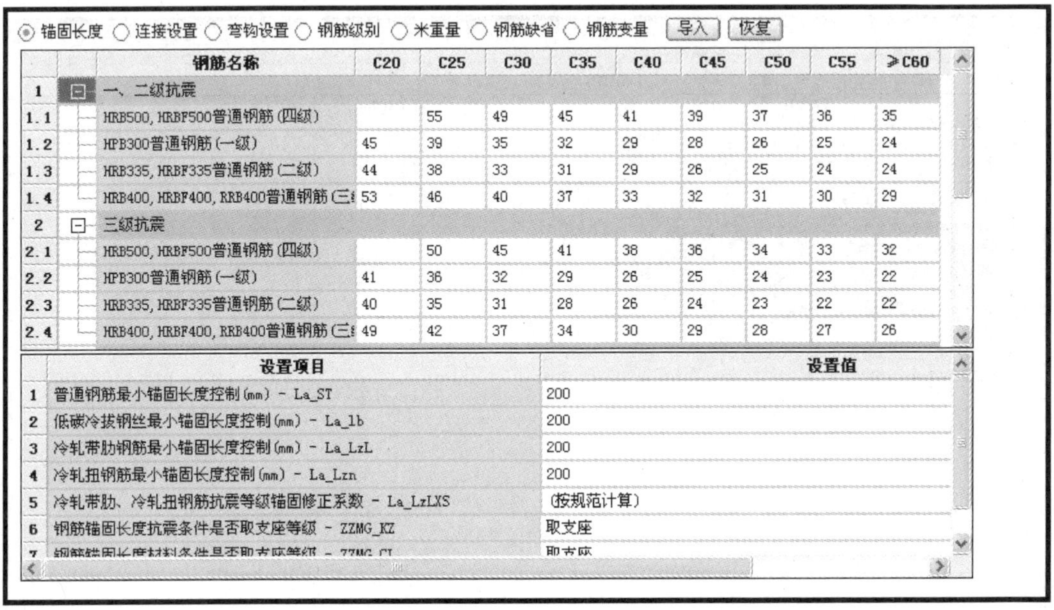

	钢筋名称	C20	C25	C30	C35	C40	C45	C50	C55	≥C60
1	一、二级抗震									
1.1	HRB500,HRBF500普通钢筋(四级)		55	49	45	41	39	37	36	35
1.2	HPB300普通钢筋(一级)	45	39	35	32	29	28	26	25	24
1.3	HRB335,HRBF335普通钢筋(二级)	44	38	33	31	29	26	25	24	24
1.4	HRB400,HRBF400,RRB400普通钢筋(三级)	53	46	40	37	33	32	31	30	29
2	三级抗震									
2.1	HRB500,HRBF500普通钢筋(四级)		50	45	41	38	36	34	33	32
2.2	HPB300普通钢筋(一级)	41	36	32	29	26	25	24	23	22
2.3	HRB335,HRBF335普通钢筋(二级)	40	35	31	28	26	24	23	22	22
2.4	HRB400,HRBF400,RRB400普通钢筋(三级)	49	42	37	34	30	29	28	27	26

	设置项目	设置值
1	普通钢筋最小锚固长度控制(mm) - La_ST	200
2	低碳冷拔钢丝最小锚固长度控制(mm) - La_lb	200
3	冷轧带肋钢筋最小锚固长度控制(mm) - La_LzL	200
4	冷轧扭钢筋最小锚固长度控制(mm) - La_Lzn	200
5	冷轧带肋、冷轧扭钢筋抗震等级锚固修正系数 - La_LzLXS	(按规范计算)
6	钢筋锚固长度抗震条件是否取支座等级 - ZZMG_KZ	取支座
7	钢筋锚固长度材料条件是否取支座等级 - ZZMG_CL	取支座

图 7-2 钢筋锚固设置页面

【锚固长度】选项：用于设置钢筋在什么材质、规格、混凝土强度等级、抗震等级下，锚入支座的长度。

【连接设置】选项：用于设置钢筋在什么材质、规格、构件内用什么接头形式时的搭接长度。

【弯钩设置】选项：用于设置钢筋在什么抗震等级下，其直钢筋、箍筋的弯钩调整值和平直段值。

【钢筋级别】选项：用于对应设计图纸中的钢筋型号，因为图纸中的钢筋是用"Φ"等此类字符，而软件不能直接对此类符号进行识别，故需要对符号进行转换，如软件中对一级钢筋就用字母"A"表示，二级钢筋就用字母"B"表示等。

【米重量】选项：钢筋和钢绞线等的单位每米重量表，是按国家标准录入的数据，用于查看，一般不应修改。

【默认钢筋】选项：在界面中进行钢筋布置时，其弹出的对话框中默认的钢筋是在本栏目内提取的，可以针对当前工程的实际情况在本栏目内进行默认钢筋设置，布置钢筋时就提取设置的钢筋，从而加快钢筋布置的速度。

【钢筋变量】选项：栏目中是软件当前版本所有涉及钢筋计算的"变量名称"，在本栏目中用户可以查看这些变量的解释和用途，还可以用这些变量组合出另外一个变量的计算式。如第 9 项的"DD1"变量是由"D1＋D"组成的。

读者可通过扫描本书封面的二维码观看部分软件操作视频，相关 CAD 图纸和软件操作说明可登录本教材版权页的对应链接下载。

7.3.2　计算设置

计算设置在"钢筋选项"第二页，在本页中对柱、梁、墙、板等构件的钢筋进行计算设置，如图 7-3 所示。

图 7-3　计算设置页面

页面上共计有 9 个选项，分别是【通用设置】、【柱】、【剪力墙】、【梁】、【板】、【独基】、【条基】、【筏板】、【砌体结构】。

【通用设置】选项：栏目内的内容是计算钢筋的通用项目，对建筑工程中的钢筋计算都适用。页面中的栏目、按钮等说明和操作方式均同"钢筋设置"说明。

【柱】选项：栏目内的内容只针对计算柱钢筋，包括插筋、变截面、柱箍筋的加密判定等，页面中的栏目、按钮等说明和操作方式均同"钢筋设置"部分的说明。

【剪力墙】选项：栏目内的内容为计算混凝土墙钢筋的设置，由于结构中暗柱、暗梁的钢筋计算与墙有关系，这里将暗柱、暗梁的钢筋计算列入剪力墙。页面中的栏目、按钮等均同"钢筋设置"部分的说明。

【梁】选项：栏目内的内容只针对计算梁钢筋，包括箍筋的加密、钢筋接头长判定等，页面中的栏目、按钮等均同"钢筋设置"部分的说明。

【板】选项：栏目内的内容只针对计算板钢筋，包括分布钢筋的起头、钢筋的锚固方式判定、钢筋线条显示等，页面中的栏目、按钮等均同"钢筋设置"部分的说明。

【独基】、【条基】、【筏板】选项：栏目内的内容针对计算各类型基础钢筋。页面中的栏目、按钮等均同"钢筋设置"部分的说明。

【砌体结构】选项：圈梁、构造柱、砌体墙拉接钢筋，这些钢筋的计算都与砌体墙有关，所以将这些构件中的钢筋计算选项列入"砌体结构"。页面中的栏目、按钮等均同"钢筋设置"部分的说明。

7.3.3 节点设置

房屋是由基础、柱、墙、梁、板、楼梯等各类构件组合而成的。在现实当中不可能有单独的构件成为房屋。构件互相交织在一起必定产生连接，这些连接点称之为连接节点。软件将构件连接之间钢筋的计算抽象为钢筋节点，便于读者理解和修改编辑。

读者可通过扫描本书封面的二维码观看部分软件操作视频，相关 CAD 图纸和软件操作说明可登录本教材版权页的对应链接下载。

7.3.4 识别设置

软件对钢筋进行识别，是基于两种情况；一种是纯识别的设置，主要针对识别过后是否保留底图、是否布置主次梁交接处的加密箍筋等；另一种是设置自动布置构造钢筋的条件，让软件判定在符合条件时将什么规格型号的钢筋布置到构件上。

7.4 钢 筋 维 护

钢筋维护，就是对钢筋公式的统一管理和维护。在软件中执行【钢筋维护】命令，弹出对话框（图 7-4）对话框中记录的是软件所有能够计算钢筋的公式。

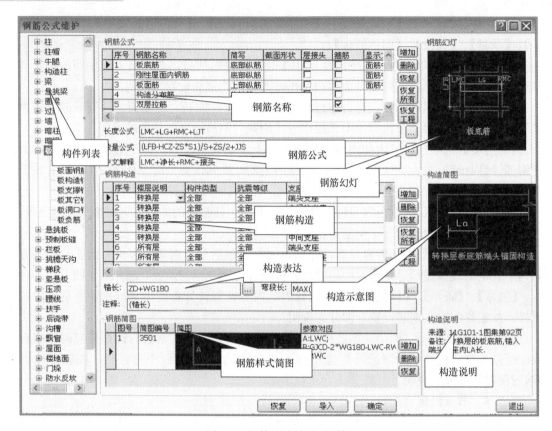

图 7-4　钢筋公式维护对话框

7.5　钢　筋　布　置

当混凝土构件布置完成并且将一切相关内容都调整好后，就可以对构件进行钢筋布置了。在软件中对构件进行钢筋布置有两种方法，分为识别电子图和手工布置。当有施工图电子文档".dwg"文件，则可利用软件内的"平法"规则，结合已布置构件的相关条件，直接将钢筋描述进行转换，使其成为钢筋计算模型数据。在没有施工图电子文档的时候则只能手工进行钢筋布置。

7.5.1　识别转换钢筋

用"平法"制图规则绘制的施工图，有三种形式描述配置的钢筋：①表格钢筋；②图形加描述钢筋；③钢筋描述。三种方式说明如下。

1. 表格钢筋

考察施工图，一般用表格钢筋的构件基本有五种，即柱表、柱大样表、墙表、梁表和过梁表。通过点击命令行的按钮，可以进入相应的识别钢筋表格。

（1）柱表：可以处理柱、暗柱、构造柱三类构件的表格钢筋。

（2）柱大样表：用于处理柱、暗柱、构造柱三类构件用截面图形表示的表格。

（3）墙表：用来定义各个楼层的墙编号，布置墙钢筋。

（4）梁表：用来定义各个楼层的单跨的梁，如连梁、单梁、条基的编号，布置对应的钢筋。

（5）过梁表：用来定义当前创建工程模型的过梁的编号、钢筋，布置过梁以及布置对应的钢筋。

2. 图形加描述钢筋

施工图中用图形加描述配置的钢筋有板、筏板、柱截面大样图和节点钢筋。

板、筏板钢筋，是通过提取钢筋的图形线条和钢筋描述来进行识别；

柱截面图钢筋，是通过提取柱截面图中的钢筋线条（主要是纵筋、箍筋和拉筋）和钢筋描述来进行识别；

节点钢筋，"节点"在构件定义时是由多个构件截面组合的，其钢筋会在多个构件内串通，识别钢筋时软件会将构件尺寸屏蔽，直接用钢筋的绘制线长作为钢筋长，加上钢筋描述进行的。

读者可通过扫描本书封面的二维码观看部分软件操作视频，相关 CAD 图纸和软件操作说明可登录本教材版权页的对应链接下载。

3. 识别钢筋描述

平法规则中，有些构件的标注不需要用图示，只要钢筋描述与构件编号匹配，像此类形式的钢筋，软件就只识别钢筋描述，之后将描述与构件编号关联即可（此类主要是梁钢筋）。

7.5.2 条形构件钢筋布置（梁、地梁、条基）

没有电子图".dwg"文件时，就用手工布置的方式对构件进行钢筋布置。

点击"　钢筋布置　"按钮，软件对所有构件进行钢筋布置都用此命令和按钮。执行命令后命令栏会提示"选择要布置钢筋的构件"，也可以先选择构件再点击〈钢筋布置〉按钮，前者软件不能辨别是要对什么构件布置钢筋，所以提示要选择构件。后者由于选择了构件，就会直接打开钢筋布置对话框；也可以选择要布置钢筋的构件，在弹出的右键菜单中选择"钢筋布置"对构件进行钢筋布置。对话框对条形构件进行钢筋布置，如图 7-5 所示。

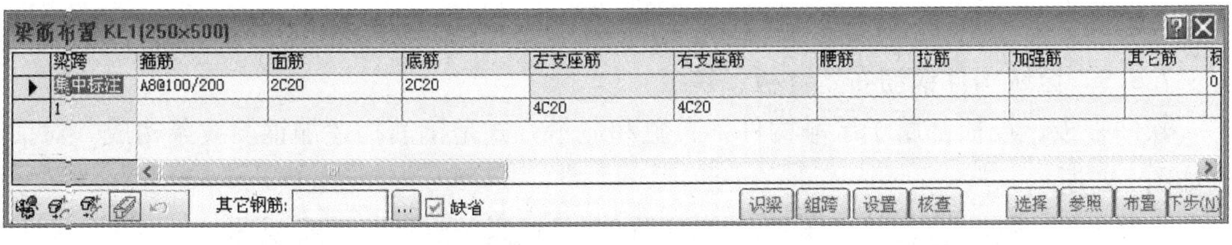

图 7-5 默认钢筋在对话框中的显示

7.5.3 柱筋平法钢筋布置（柱、暗柱）

功能说明：按照平法制图规则绘制的柱钢筋配置图，软件也使用该规则进行钢筋布置，所以称为"柱筋平法"。本命令用于布置柱和暗柱钢筋。对话框如图 7-6 所示。

7.5.4 普通钢筋布置（墙、构造柱、独基、柱帽、过梁、圈梁、扶手、压顶、栏板等）

对于界面中的个体构件和没有特殊钢筋配置的构件，软件统一用一个模式的对话框进行钢筋布置。本功能用于没有专门钢筋布置的构件，包括墙、柱、暗柱、构造柱、圈梁、过梁、暗梁、基础、扶手、腰线、栏板等构件的钢筋。对话框如图 7-7 所示；

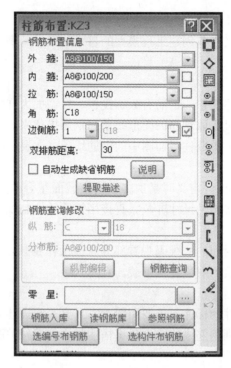

图 7-6　"柱筋布置"对话框

图 7-7　"钢筋布置"对话框

7.5.5　区域构件钢筋布置（板、筏板）

软件中板、筏板都属于区域构件，布置和显示方式是钢筋描述加钢筋线条构成。对话框如图 7-8 所示。

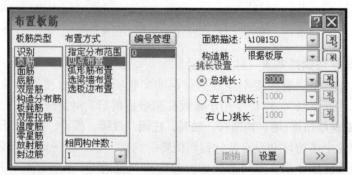

图 7-8　板筋布置对话框

7.5.6　特殊构件钢筋布置

1. 墙体拉结筋（楼地面网筋、屋面网筋）

所谓特殊构件，指的是墙体拉结筋、楼地面网筋、屋面网筋。

（1）墙体拉结筋：软件对于墙体拉结筋是进行自动布置的。

（2）楼地面网筋：对地面有防裂设计要求的，地面防裂钢筋一般在楼地面装饰设计内进行说明。

（3）屋面网筋：内容同楼地面网筋。

读者可通过扫描本书封面的二维码观看部分软件操作视频，相关 CAD 图纸和软件操作说明可登录本教材版权页的对应链接下载。

2. 自动钢筋

对于那些设计说明中有说明的或是规范和标准中有要求的构造钢筋等，软件采用的是自动布置的方式，流程是先进行条件设置，之后再进行钢筋匹配。有多个条件和匹配的内容，软件提供表格式的方式进行填写或直接识别电子图中的表格。将对应的条件和钢筋录入好后，进行布置，软件就会根据设置好的条件与界面中的构件进行比对，符合条件的就会自动布置上钢筋。

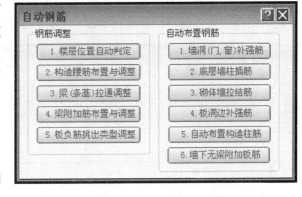

点击"⚒自动钢筋"按钮，弹出"自动钢筋"对话框，如图 7-9 所示。对话框分两个栏目"钢筋调整"和"自动布置钢筋"。

图 7-9　"自动钢筋"对话框

3. 其他钢筋

除区域构件钢筋布置对话框以外，所有钢筋布置对话框中都有"其他钢筋"布置栏目。

对于一些零星的或特殊节点的钢筋可以在弹出的"其他钢筋类型设置"对话框中进行布置。

7.6　钢　筋　编　辑

软件中的钢筋计算公式和判定式，均是按照有关规范和平法标准等编入的，适用于大部分的房屋建筑钢筋配置，但这绝对不能满足所有使用者的要求。在特殊情况下，如：房屋所处地理位置、地震强度规定、房屋造型、构件的受力实际情况等，设计人员会在考虑这些因素的影响后，对房屋整体或构件局部采取钢筋加强或增补措施，以解决这些影响，使房屋达到安全使用要求。遇到此种情况，直接使用软件默认的钢筋计算公式或钢筋类型、名称可能就错了。碰到此情况，在布置钢筋时，就需要对所布置钢筋进行编辑修改。

计算钢筋主要是两部分内容：①计算钢筋的长度；②计算钢筋的根数。对于非分布钢筋，其根数是在描述中直接获取，对于分布钢筋，其根数是根据描述中的排距计算获取。所以修改钢筋要注意以下几个方面（表 7-1）。

表 7-1

钢筋类型	数量获取方式	长度获取方式	一般调整的内容
非分布钢筋	直接由描述提供	净长＋左右上下锚固长	锚固长度的判定式
分布筋	由描述提供排距经计算获取	净长＋左右上下锚固长	数量计算式和锚固长度的判定式

钢筋编辑分为"单个修改"和"群体修改"，分别介绍如下。

7.6.1　单个修改

所谓"单个修改"，是指布置钢筋时，修改钢筋公式或增加（减少）钢筋只针对当前正在布置钢筋的构件或同编号构件而不涉及其他同类构件。

单个修改可分为对单根钢筋，也可以是对单个构件。

（1）对单根钢筋

假设有一根 5 跨的梁，其第 3 跨的底筋需要将锚固长度直接按 $45d$ 计算而不考虑判定，此时的做法是：先将钢筋按正常方式布置，如图 7-10 所示。

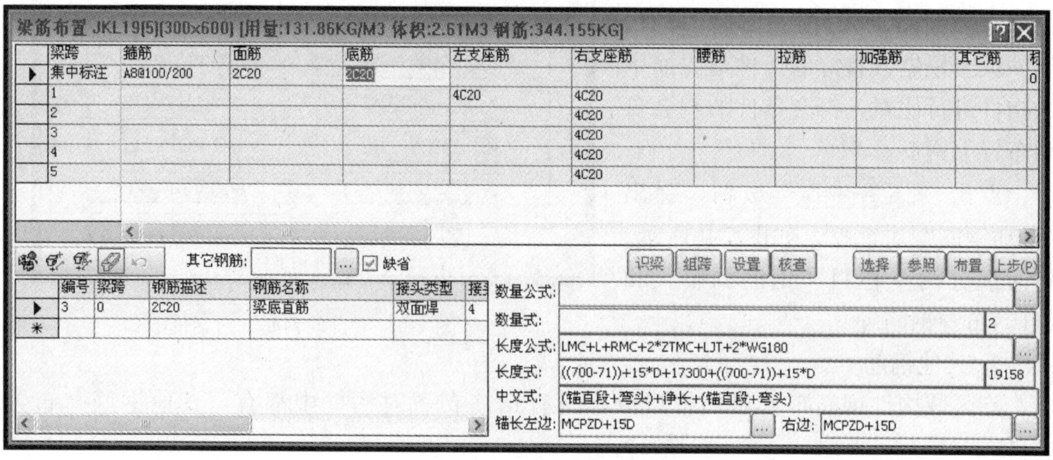

图 7-10　正常布置梁钢筋的做法

图中看到"底筋"是集中标注的方式，展开〈下步〉看到梁跨是"0"。软件中梁跨是"0"的表示是通长跨，钢筋在每跨没有断开，查看长度得数是"19.158m"。现在我们对第 3 跨指定锚固长度进行处理，用单独修改，如图 7-11 所示。

虽然第 3 跨的钢筋描述与集中标注的一致，但"底筋"要另行处理，有两种方式处理第 3 跨的底筋，第一种将第 3 跨单独输入钢筋。展开〈下步〉内容，在上部栏内将光标定位第 3 跨，在下步栏内将梁跨输入"3"，钢筋名称输入"梁底直筋"，之后在锚长左边、右边输入"45D"，如图 7-11 所示；修改了第 3 跨的底筋，将光标置于集中标注栏内，看到"下步"栏中，如图 7-12 所示。

由于第 3 跨的底筋描述与集中标注的一致，所以软件在此就不将第 3 跨单独分开而将 1～3 跨作为一段，4～5 跨作为另一段。由于上面已经将第 3 跨的钢筋在 3 跨内单独调整了，这里 1～3 段还包含第 3 段的钢筋就多了，需要将 1～3 段改为 1～2 段，方法是直接将"1 3"改为"1 2"即可。注意！"1 2"中间留一个空格，如图 7-13 所示。

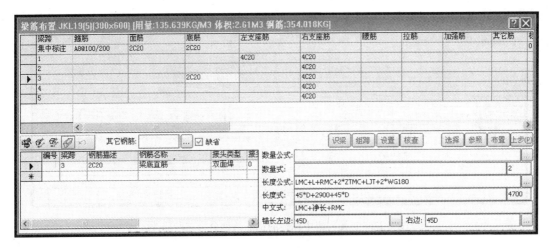

图 7-11　直接对要修改的梁跨钢筋修改

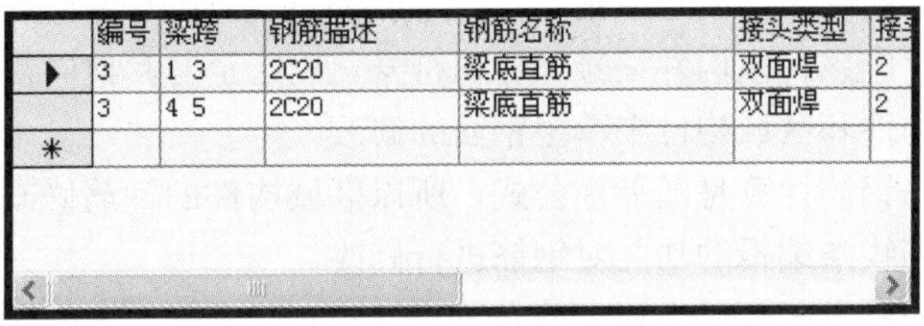

编号	梁跨	钢筋描述	钢筋名称	接头类型	接头
▶ 3	1 3	2C20	梁底直筋	双面焊	2
3	4 5	2C20	梁底直筋	双面焊	2
＊					

图 7-12　集中标注的钢筋数据

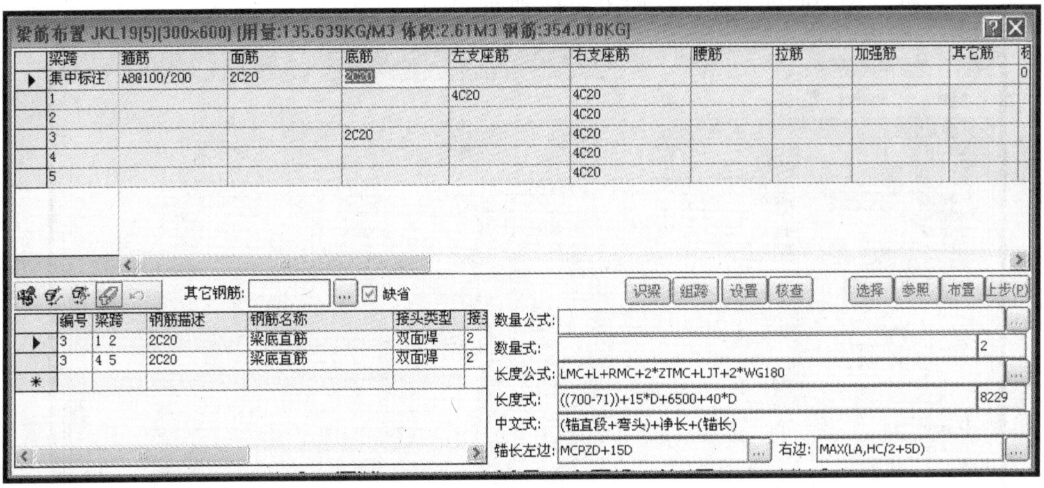

图 7-13　将集中标注的钢筋数据分为两段

修改好后点击〖布置〗就将钢筋布置到梁上了。

由于第 3 跨的底筋描述与集中标注的一致，可以采用第二种方式，就是直接在集中标注栏内修改钢筋，即将光标定位在集中标注的底筋栏内，展开"下步"栏，将梁跨段和第 3 跨的钢筋的锚固长度进行修改，如图 7-14 所示。

针对钢筋描述一致的集中标注，上述两种方式均可操作，但第二种速度要快。如果是"原位标注"的钢筋描述，且描述与集中标注的不一致时，则软件会自动将钢筋跨段分开，

67

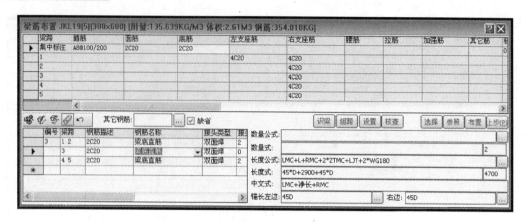

图 7-14　直接将集中标注的钢筋数据分为三段修改

操作时直接选定原位跨段的钢筋描述，展开〖下步〗进行修改即可。

由于软件布置钢筋有"同编号原则"，对于同编号的多个构件，如果中间有某单个构件的钢筋需要调整，应该将该构件编号加标识符号，以区别与其他同编号的构件。

（2）单个区域构件和区域构件中单根钢筋的修改

由于区域构件的钢筋计算是图形加公式，所以区域构件的钢筋修改不同于上述钢筋的编辑。应使用板钢筋线条编辑的功能对钢筋进行修改。

修改板钢筋有两种方式：①在板钢筋布置对话框的计算公式栏中预先将公式修改好，之后在界面中布置此条钢筋；②钢筋布置完后，光标选中要修改的钢筋线条，进入"构件查询"对话框，对钢筋进行修改，如图 7-15 所示。

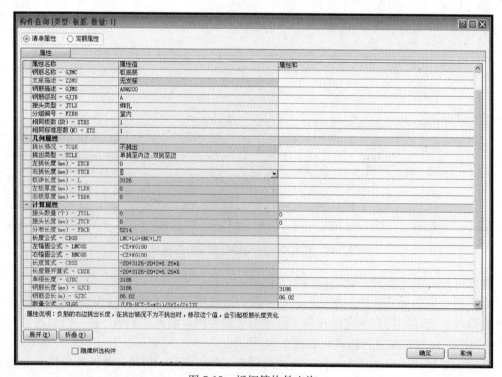

图 7-15　板钢筋构件查询

可以对对话框中蓝色字体的项目进行修改。区域钢筋经过修改后，其钢筋的明细线条将不能显示。

7.6.2 群体修改

群体修改，是对一个同一种类型构件的钢筋进行修改，此种方法在软件中一般是在设置阶段。前面已经说过，钢筋的计算主要由软件内的两个部分控制，一是"钢筋选项"；二是"钢筋维护"。钢筋选项是对钢筋布置和计算时的一些条件的设置和控制，钢筋维护中记录的是计算钢筋的公式和判定式。

群体修改主要是在设置阶段，现实施工图中对一个类型构件的钢筋有特殊要求时，一般都会在结构总说明中给予说明，所以对于有超出规范和标准要求的，建议在工程设置时就要将相应的内容设置好，如果在钢筋布置完后再进行调整，界面中的钢筋数据将不能刷新。

8 案　　例

8.1　案例工程概况

本案例是某学院北门建筑工程，建筑面积 $24.42m^2$，为框架结构。共计一层，屋顶为平屋面，屋面上有一轻钢玻璃遮盖。首层的地坪与室外地坪高差 100mm。图 8-1 所示是利用三维算量软件建立的门房模型。

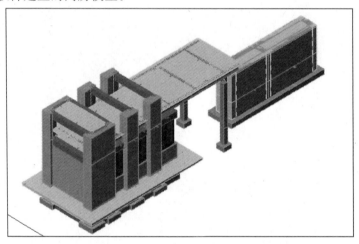

图 8-1　门房模型

该门房由建筑施工图与结构施工图两份图纸组成，其中建筑施工图 4 张，结构施工图 3 张，见本教材附图。在创建工程模型时，可以用手工建模的方式逐步建立各个构件，也可以利用识别功能，对施工图中可以识别的构件进行识别建模。

为了获得更好的教学效果，在讲解过程中，对于图纸中没有的构件，但在实际工程中经常会遇到的问题，教程中会作为"其他场景"来讲解。超出本教程范围的一些内容，可参考其他帮助文档，例如常见问题解答等，或者登陆www.thsware.com 网址上的"技术论坛"寻求帮助。

练一练

要知道构件的抗震等级，一般在施工图中的哪部分查看？

8.2　案例工程分析

案例工程共由三个层面组成，分别是基础、首层，二层。各楼层包含的构件钢筋见表 8-1。

门房工程钢筋汇总表　　　　　　　　　　　　表 8-1

楼层 \ 构件类型	基础	主体结构	装饰	其他
基础层	独基钢筋、筏板钢筋	柱钢筋、墙体拉结筋、构造柱筋		
首层		柱钢筋、墙体拉结筋、构造柱筋、梁筋、板筋、过梁筋		
二层（屋面）		柱钢筋、墙体拉结筋、梁筋、板筋		

柱钢筋、构造柱钢筋在基础层时要布置"插筋"，插筋是由软件自动生成的。

墙体拉结筋是软件自动生成的，注意按结构设计说明设置好条件。

结构设计说明没有说明钢筋的"接头类型"，案例按软件默认取定。

注意板钢筋不要分成小块布置，应拉通布置。

案例基础层高只有 1.4m，首层 3m，合计 4.4m，可以作为一个楼层来布置钢筋，考虑学习者暂时掌握不了该操作方式，案例还是按照分楼层布置构件和钢筋。

练一练

（1）用软件计算柱墙钢筋，其插筋是怎样布置的？

（2）查看软件，软件中的钢筋有多少种接头类型？

8.3 新 建 工 程 项 目

新建工程项目操作见本套实训教材中的《建筑工程量计算实训》中相关内容。计算钢筋的设置内容有以下几个内容需注意：

1. 在"工程设置"对话框中的"计算模式"页面，注意要将"应用范围"栏目的"钢筋计算"选择"□"内打上钩，否则将不计算钢筋工程量，如图 8-2 所示。

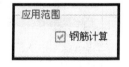

2. 混凝土强度等级和框架构件的抗震等级要设置好，会影响钢筋的计算判定，如图 8-3、图 8-4 所示。

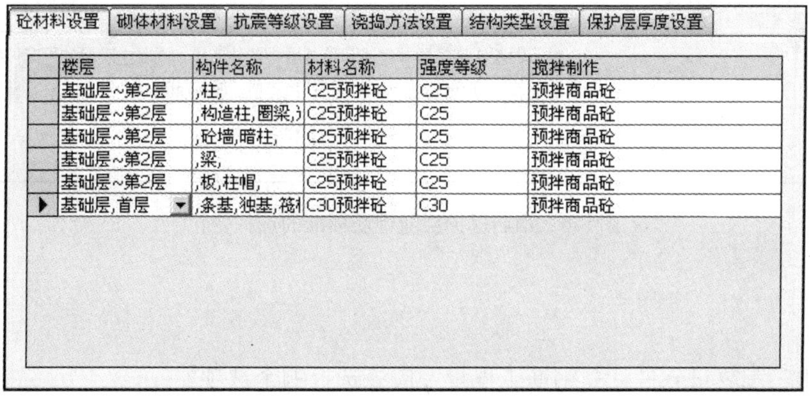

图 8-2　"钢筋计算"打上钩

楼层	构件名称	材料名称	强度等级	搅拌制作
基础层~第2层	柱,	C25预拌砼	C25	预拌商品砼
基础层~第2层	,构造柱,圈梁,	C25预拌砼	C25	预拌商品砼
基础层~第2层	,砼墙,暗柱,	C25预拌砼	C25	预拌商品砼
基础层~第2层	,梁,	C25预拌砼	C25	预拌商品砼
基础层~第2层	,板,柱帽,	C25预拌砼	C25	预拌商品砼
基础层,首层	,条基,独基,筏板	C30预拌砼	C30	预拌商品砼

砼材料设置　砌体材料设置　抗震等级设置　浇捣方法设置　结构类型设置　保护层厚度设置

图 8-3　混凝土强度等级设置

楼层	构件名称	材料名称	强度等级	搅拌制作
基础层~第2层	,柱,	C25预拌砼	C25	预拌商品砼
基础层~第2层	,构造柱,圈梁,,	C25预拌砼	C25	预拌商品砼
基础层~第2层	,砼墙,暗柱,	C25预拌砼	C25	预拌商品砼
基础层~第2层	,梁,	C25预拌砼	C25	预拌商品砼
基础层~第2层	,板,柱帽,	C25预拌砼	C25	预拌商品砼
基础层,首层	,条基,独基,筏板	C30预拌砼	C30	预拌商品砼

（砼材料设置　砌体材料设置　抗震等级设置　浇捣方法设置　结构类型设置　保护层厚度设置）

图 8-4　抗震等级设置

在图 8-4 中我们看到只有框架柱、框架梁和混凝土墙是有抗震等级的，其他普通梁、柱等不设抗震等级的，这一点要注意。

3. 钢筋保护层对于计算构件的箍筋是有重要影响的内容，由于新的《混凝土结构设计规范》GB 50010—2010 和《高层建筑混凝土结构技术规程》JGJ 3—2010 以及《建筑抗震设计规范》GB 50011—2010 中，已经有新的钢筋保护层定义，所以这里应注意调整。软件已经按上述三个规范将钢筋保护层设置好，这里主要是要选择好"钢筋标准"。进入"钢筋标准"页面，选择"11G101 系列"，即可将钢筋保护层调整到新的三个规范规定的钢筋保护层计算方式上，如图 8-5、图 8-6 所示。

钢筋标准
○ 00年度G101
○ 02G系列
○ 03G101系列
◉ 11G101系列

图 8-5　钢筋标准选择 "11G101 系列"

图 8-6 栏目中有相关的说明，学习者可参照说明查看相应的图集和页面进行专业学习。

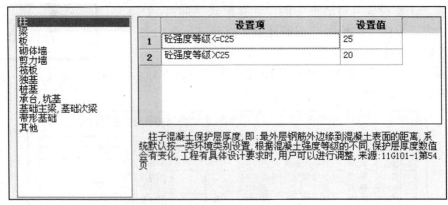

	设置项	设置值
1	砼强度等级<=C25	25
2	砼强度等级>C25	20

柱（梁、板、砌体墙、剪力墙、筏板、独基、桩基、承台,坑基、基础主梁,基础次梁、带形基础、其他）

柱子混凝土保护层厚度，即：最外层钢筋外边缘到混凝土表面的距离。系统默认按一类环境类别设置，根据混凝土强度等级的不同，保护层厚度数值会有变化，工程有具体设计要求时，用户可以进行调整。来源：11G101-1第54页

图 8-6　钢筋保护层随钢筋标准的选择变化

练一练

（1）用三维算量软件计算钢筋工程量，应该选择哪个选项？

（2）本案例抗震构件有哪些？

8.4　基　础　工　程

8.4.1　条基钢筋

案例工程条基没有配置钢筋，略。配置条基的钢筋基本与梁钢筋的布置一样，可参考软件配套的用户手册。注意！软件中的条基包含"带形有梁式、带形无梁式、基础主梁、基础次梁、基础连梁、承台梁、地下框架梁、地下普通梁"，这些梁条基都属于条形构件，所以均归并在条基下。条基构件是有土方、垫层、模板子构件的，所以在布置构件时不要用框架梁、普通梁来替代，而且框架梁、普通梁的钢筋构造与基础内的"梁"受力方式不一样，造成构造不一样，所以工程量结果也会不一样。

8.4.2　独基钢筋

命令模块：〖钢筋布置〗

参考图纸：某学院北门建筑结构施工图

楼层切换到基础层，给独基布置钢筋。用〖构件显示〗功能在图面上只显示基础，点击"　　"钢筋布置按钮，按命令栏提示，光标至界面中选择需要布置钢筋的独基构件，弹出钢筋布置对话框，如图 8-7 所示。

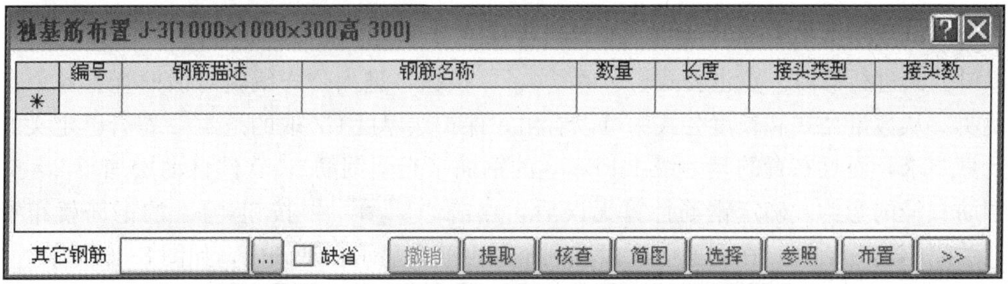

	编号	钢筋描述	钢筋名称	数量	长度	接头类型	接头数
*							

独基筋布置 J-3[1000×1000×300高 300]

其它钢筋　[...]　□缺省　撤销　提取　核查　简图　选择　参照　布置　>>

图 8-7　独基钢筋布置对话框

以 J-1 为例，如果对话框中〈默认〉选项前"□"内打了钩，则软件会自动根据所选择的构件类型，给出默认的钢筋描述，以供参考。选中基础后对话框的标题栏中会显示当前布置的钢筋类型、所属构件编号、截面特征，还有根据钢筋描述计算出的该构件单件的钢筋含量（kg/m³）和体积，如图 8-8 所示。

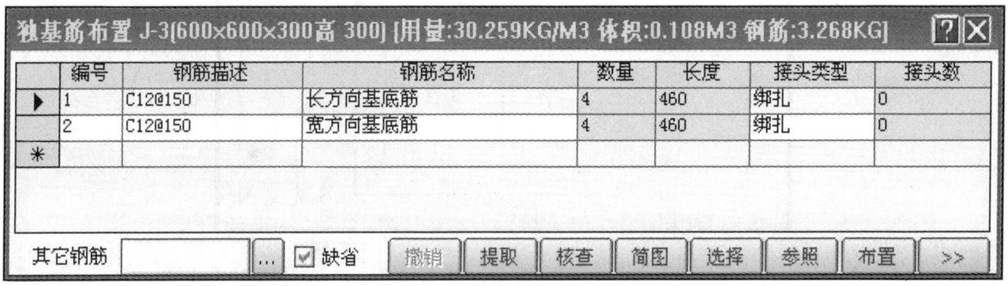

独基筋布置 J-3(600×600×300高 300) [用量:30.259KG/M3 体积:0.108M3 钢筋:3.268KG]

	编号	钢筋描述	钢筋名称	数量	长度	接头类型	接头数
▶	1	C12@150	长方向基底筋	4	460	绑扎	0
	2	C12@150	宽方向基底筋	4	460	绑扎	0
*							

其它钢筋　[...]　☑缺省　撤销　提取　核查　简图　选择　参照　布置　>>

图 8-8　独基钢筋定义

依据结构施工图，J-1 的 A 方向与 B 方向都配置 A10@150 的基底钢筋，在对话框中修改钢筋描述为 A10@150，钢筋名称取软件默认值，数量、长度、接头类型以及接头数是软件自动根据钢筋描述与钢筋名称，提取构件基本数据，按照钢筋规范计算得出。点击对话框中的"　>>　"按钮，展开钢筋计算明细，如图8-9所示。

独基筋布置 J-1[1000×1000×300高 300] [用量:30.087KG/M3 体积:0.3M3 钢筋:9.026KG]

编号	钢筋描述	钢筋名称	数量	长度	接头类型	接头数
1	A10@150	长方向基底筋	7	1045	绑扎	0
2	A10@150	宽方向基底筋	7	1045	绑扎	0

其它钢筋　[　] … ☑缺省　撤销　提取　核查　简图　选择　参照　布置　<<

数量公式　(B-2*S1)/S+1

数量计算式　(1000-2*75)/150+1

长度公式　(H*HXZXS-HBHC)+LJT+2*WG180

长度计算式　(1000*1-2*40)+2*6.25*D

长度中文式　(长-保护层)+两倍弯钩

左锚长　[　] …　　右锚长　[　] …

图8-9　独基钢筋计算公式明细

将光标置于某项名称的钢筋，在下部展开栏内看到该条钢筋的数量与长度计算公式，可以对公式进行修改。点击公式栏后的"[…]"按钮，进入公式编辑对话框查看各个变量的说明。从数量公式和长度公式中可以看出，保护层厚度CZ取的是40，符合已定义的钢筋计算要求，而且布置的是一级HPB300的钢筋（光圆钢筋），软件自动增加了$2 \times 6.25 \times$钢筋直径的弯钩。确定钢筋计算无误后，点击"　布置　"按钮，J-1的钢筋就布置好了，关闭钢筋对话框，在图面上可以看到布置钢筋会显示在基础内，如图8-10所示。

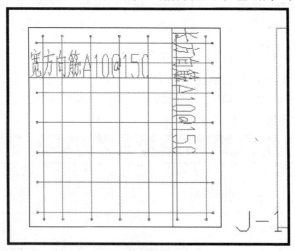

图8-10　独基钢筋布置图

也可以选中已经布置好钢筋的构件，右键，在弹出的右键菜单中执行"核对单筋"功能，在弹出的""对布置的钢筋进行计算检查，如图8-11所示。

在对话框中，可以看到有钢筋的长度和数量。

图 8-11　校核独基钢筋

双击图面上的"钢筋描述"，进入构件查询窗口，查看与编辑钢筋属性和计算公式。

前面介绍钢筋遵循原则时提过，钢筋布置遵循"同编号"原则。即同编号的构件只需布置一个构件的钢筋，现在一个 J-1 的基础布置了钢筋，其他同编号的 J-1 就不需要再布钢筋了。

在软件中，有两种方法来确认其他的 J-1 是否布置了钢筋。第一种方法是使用【数据维护】中的〖图形管理〗功能，查看基础层的独基，如果 J-1 这个编号的独基图标显示为紫色，且钢筋信息中可以看到钢筋明细数据，则表明这个 J-1 上已经布置了钢筋。第二种方法是使用〖构件辨色〗功能，在颜色设定中选择"钢筋"项，点击〖确定〗按钮，返回界面，此时界面上构件的颜色发生了变化，红色的构件是没有布置钢筋的构件，而绿色的构件是含有钢筋的构件。点击"　"刷新按钮或进入构件辨色对话框点击"恢复源色(R)"按钮，构件便可恢复成软件默认的颜色。

依据同样方式，将所有独基钢筋布置完。

小技巧：

从详图可以看出，J-1 的配筋和 J-2 的配筋相同，可以用〖钢筋复制〗功能，选择 J-1 的钢筋描述，点击右键确认，再选择 J-2 为目标构件，这样 J-1 的钢筋就复制到 J-2 上了。对于类似的钢筋，还可以用钢筋对话框中的〖参照〗功能，利用其他编号构件的钢筋来减少钢筋录入时间，快速布置钢筋。

8.4.3　筏板钢筋

命令模块：【钢筋布置】

参考图纸：某学院北门建筑结构施工图

④ 轴外的伸缩门构造底部基础是一块筏板。在软件中，板、筏板筋的布置是像构件一样绘制出来的，且板、筏板钢筋不遵循同编号布置原则。

在布置板、筏板筋之前，应打开软件的〖对象捕捉〗功能。先执行【工具】菜单中的〖捕捉设置〗命令，在弹出的对话框中勾选垂足"　"和最近点"　"，点击〖确定〗按钮退出对话框，然后点击状态栏的〖对象捕捉〗按钮（或按键盘上的 F3 键），使对象捕捉处于打开状态。如果布置的板筋以水平的和竖直的为主，则需要将"正交"打开，以确保绘制出来的板筋呈直线形状。

捕捉设置主要用于钢筋布置方式中的"四点布置、两点布置"等需要对齐的钢筋。

点击"　"钢筋布置按钮，按命令栏提示，光标至界面中选择需要布置钢筋的筏板构件，弹出钢筋布置对话框，如图 8-12 所示。

图 8-12　筏板筋布置

在布置板钢筋之前，应按施工图上的板筋描述进行板钢筋定义。定义板钢筋有两种方式，一种是板钢筋设计有编号的，应按钢筋编号与钢筋描述进行匹配并将钢筋编号录入到"编号管理"栏中，以便布置时选择；另一种方式就是设计图上的板钢筋没有编号，只有描述，对于此种方式绘制的钢筋，读者可以自己对钢筋进行编号定义并与钢筋描述匹配，或者在钢筋描述栏内录入一个描述后直接进行布置，布置下一条钢筋时再录入一次钢筋描述，反复进行，不过后一种方式操作起来比较费时间，因为每次都要录入钢筋描述。对于设计没有编号的板钢筋，在定义板钢筋编号时，建议自定义直接用钢筋描述作编号。

考察筏板，有且只有板底筋布置 X、Y 方向，由于案例工程小，没有其他钢筋编号需要定义，直接使用底筋、两点布置（对于异形板、筏板建议采用"两点布置"的方式布置，这是由于软件会自动向 X 和 Y 方向搜索板的边缘，从而自动生成 X 和 Y 方向的钢筋；对于要跨到另一块板内的钢筋或不成矩形的板而又要在中间布置矩形边的钢筋时，就用四点布置的功能，四点布置的钢筋其长度和分布长度由四点绘制的区域确定，不会自动捕捉板的形状和边缘），将 X 方向底筋描述为 A8@200，Y 方向底筋描述为 A10@150。之后将光标置于筏板范围内点击直线的起点与终点，软件就自动将 X 和 Y 方向的钢筋布置到筏板范围内了，如图 8-13 所示。

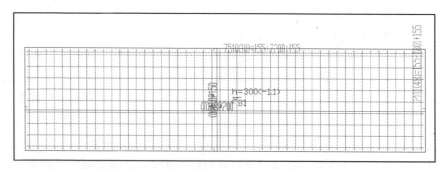

图 8-13　筏板钢筋布置图

板、筏板的钢筋核查只能单根查看，即一次只能选择一根钢筋用"核对单筋"来查看钢筋的长度与数量，如果一次选了多根钢筋，显示的也是第一次选中的钢筋数据。

要修改钢筋的长度与数量，可以双击钢筋描述，进入"构件查询"对话框内修改。

练一练

(1) 独基钢筋的保护层厚度如何设置？

(2) 如何快速查看哪些构件布置了钢筋？

(3) 不同编号构件间有相同或类似的配筋，怎样快速布置它们的钢筋？

(4) 捕捉设置对板筋布置有何作用？

(5) 异形筏板的钢筋如何布置？

8.5　主体工程钢筋

8.5.1　墙体钢筋

1. 混凝土墙（剪力墙）钢筋

案例工程没有混凝土墙，故不能讲述墙钢筋布置，如读者需了解和学习，其布置操作方式可参照"独基钢筋"布置。为了施工方便，实际工程中会将墙体与基础连接的钢筋用预先在基础内布置插筋方式处理。软件中插筋生成方式一般是由软件根据墙体的条件自动生成的，输入条件参看柱钢筋章节。注意墙体内侧和外侧钢筋有时会设计成不同规格型号，布置时选择相应钢筋名称即可。

2. 砌体墙拉结筋

命令模块：〖自动钢筋〗

参考图纸：某学院北门建筑结构施工图

按照结构设计总说明第 10 条第 4 款，后砌隔墙应沿墙高每隔 500mm 配 2Φ6 水平钢筋与其两端相交墙体拉结牢。在软件中，砌体墙拉结筋采用自动布置的方式实现。

图 8-14　砌体墙拉结筋对话框

点击"自动钢筋"按钮，在弹出的对话框中点击 3.砌体墙拉结筋 按钮，弹出"布置楼层砌体墙拉结筋"对话框：如图 8-14 所示。

在结构设计说明中，布置砌体拉结筋没有对墙厚（宽）限制，故在对话框中将墙宽条件设置为"0＜＝墙宽＜500"，墙宽＜500mm 是考虑案例工程中没有超过 500mm厚的墙体。接着按说明将拉结筋描述改为"A6@500"，排数为 2，至于施工方式、钢筋长度均按默认，点击〖布置〗按钮，拉结筋就会自动布置到砌体墙与混凝土构件的连接处；如图 8-15 所示。

图 8-15　拉结筋布置

温馨提示：
　　同编号的砌体墙两端不一定有混凝土支座，但墙钢筋布置遵循"同编号"原则，钢筋标注可能会出现在某一段不用布置钢筋的墙上。出现这种情况不用担心，软件是根据砌体墙两端是否有支座来判定这段墙是否计算拉结筋，两端没有支座就不会计算，因此标注错误对钢筋工程量没有任何影响。

　　可以用光标选中一道砌体墙，点击鼠标右键，在弹出的菜单内用〖核对钢筋〗功能来查看砌体墙内布置的拉结筋。执行命令后，弹出"墙筋核查"对话框：如图 8-16 所示。

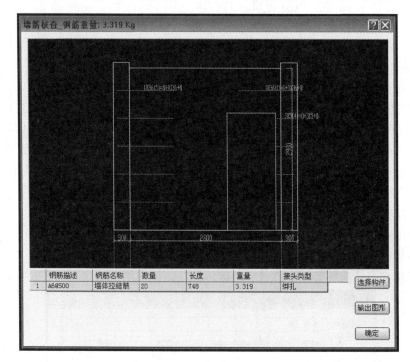

图 8-16　砌体墙筋核对

　　可以看到，砌体墙拉结筋沿柱分布，数量与长度均符合设计要求。如果砌体墙一侧有洞口等，其拉结筋会自动减短。

温馨提示：
　　砌体墙拉结筋锚入混凝土构件的长度默认为 l_a，伸入砌体墙内的长度默认为 1000mm，这些值可以在〖钢筋选项〗的〖基本设置〗页面中，在"砌体加固"中设置。

练一练

　　砌体墙拉结筋锚入混凝土构件的长度在哪里可以设置？

8.5.2　柱钢筋

命令模块：【钢筋布置】

参考图纸：某学院北门建筑结构施工图

柱配筋表中有 KZ-1、KZ-2、KZ-3、GZ-1 四个编号的柱子配筋，根据"标高"列的提示，将界面上的楼层切换到需要布置柱钢筋的楼层。这里以 KZ-1 为例布置柱钢筋：布置柱钢筋有两种方式，一是"柱筋平法"，一种是"钢筋布置"。柱筋平法方式见前 7.3.3 中的说明；钢筋布置就是普通钢筋布置的方式，弹出的钢筋布置对话框全同墙体、构造柱等，见前 7.3.4 中的说明。例子主要用"柱筋平法"说明，"钢筋布置"操作见构造柱布置说明。

点击" 钢筋布置 "钢筋布置按钮，按命令栏提示，光标至界面中选择 KZ-1 柱，弹出"柱筋布置"对话框，如图 8-17 所示；在对话框中相应栏目内输入 KZ-1 的钢筋描述：柱配筋表如图 8-18 所示。

表中"全部纵筋"列描述的是"8Ф18"，即柱子的角筋与截宽和截高钢筋均为一种规格和型号的钢筋，"箍筋类型号"列标明的是"1.(3×3)"表示一个箍筋由 3×3 肢组成，即箍筋在柱子截高和截宽方向上的肢数都是 3 根，也就是柱周边为一个矩形的箍筋，在柱截高和截宽方向的中间各用一根拉筋将柱侧边中部钢筋拉住，这样柱截面的箍筋就形成一个"田"字形。箍筋的钢筋描述的是"A8@100"。

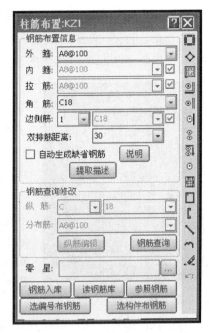

图 8-17 柱筋布置对话框

看到对话框中外箍栏输入的是"A8@100"，内箍和拉筋栏已经是灰色的，这是栏目后面的方框内有"√"，表示栏目内的钢筋描述随外箍描述，将"√"去掉，则栏目亮显，此时栏目内的钢筋描述不随外箍描述，可以单独编辑。看到对话框中角筋栏内输入的是"C18"，同样边侧筋栏也是灰色的，其原因同内、外箍拉筋一样，表示与角筋一致。钢筋描述解释：

"A"表示钢筋为 HPB300 一级普通钢筋，钢筋级别符号"Ф"。

"C"表示钢筋为 HRB400 三级螺纹钢筋，钢筋级别符号"Ф"。

钢筋描述设置好后，开始按照 7.3.3 章节说明操作：

柱配筋表

柱号	标高	bxh(bixhi)(圆柱直径D)	全部纵筋	角筋	b边一侧中部筋	h边一侧中部筋	箍筋类型号	箍筋
KZ-1	基础顶面-4.700	400x300	8Ф18				1.(3×3)	Ф8@100
KZ-2	基础顶面-4.700	400x300	8Ф18				1.(3×3)	Ф8@100/150
KZ-3	基础顶面-2.800	300x300	8Ф18				1.(3×3)	Ф8@100
GZ-1	基础顶面-1.800	300x300	8Ф16				1.(3×3)	Ф8@100/150

图 8-18 柱配筋表

第一步：点击""图标，按命令栏提示光标至柱矩形区域内点一个角点，光标移至矩形区域内对角点取第二点，生成柱的矩形外箍。

第二步：点击"▦"图标，自动布置角筋，按命令栏提示光标至柱矩形区域内点击，这时在矩形箍筋的四个角部会自动生成角筋。

第三步：点击"▤"图标，布置双边侧钢筋，按命令栏提示光标至柱箍筋某边点击，这时在箍筋中部就生成了边侧钢筋。需要说明的是：在对话框"边侧筋"前面的栏目中可以填上具体的数字，表示光标在箍筋中部点击一次，则会一次生成与栏目中数据一致的边侧筋。

第四步：点击"▯"图标，布置拉箍，按命令栏提示光标至柱内某边侧筋点击，之后光标移至另一侧的边侧筋上点击，这时在两跟边侧筋之间就生成了一根拉筋。依次在另外需要布置拉筋的边侧筋上点击布置拉筋，直至拉筋布置完毕。

柱钢筋布置完毕的效果如图 8-19 所示。

图 8-19　柱筋布置效果

对于其他编号的柱，布置方式均同上述，只是钢筋描述有所变化。说明对于"L"、"T"、"工"、"凹"等形状的柱，第一步布置矩形外箍时，可以将这些柱的截面看成由多个矩形截面组合而成，之后的角筋、边侧筋按上述方法布置即可；对于圆形柱，布置外箍时，直接用光标点击柱子圆形区域内部就可生成圆形箍筋，之后用边侧筋布置圆形柱子纵筋即可。

温馨提示：

　　与基础相交的柱，为了让柱自动生成柱插筋，应将柱子的楼层设置成"底层"，柱子的底高度设置为"同基础顶"。

练一练

（1）柱钢筋有几种布置方式？

（2）柱外箍、内箍、拉筋描述一致时，可否在柱筋平法对话框中快速设置钢筋描述？

（3）用"柱筋平法"方式布置钢筋，当钢筋描述设置好后，第一步应布置什么钢筋？

8.5.3　梁钢筋

命令模块：【识别钢筋】→〖识别梁筋〗

参考图纸：某学院北门建筑结构施工图

案例工程只有在标高 3.000m 或 4.700m 处有梁，将楼层切换到对应标高的楼层，选择梁进行钢筋布置。这里将楼层切换到一层，对标高 3.000m 处的梁进行钢筋布置。由于在进行梁布置时已经将梁的结构类型、混凝土强度等级、抗震等级等与钢筋判定的相关条件设置好，所以此处就不需考虑这些影响钢筋计算的条件了。梁钢筋的布置有识别梁筋和钢筋布置两种方式，用何种方式布置钢筋要视手头掌握的资料而定。在有设计院施工图电子文档的情况下，用"识别梁筋"的方式，没有电子图文档的时候，就用"钢筋布置"的方式。两种方式可以互补，要视具体情况而定。案例工程有电子图文档，这里用"识别梁筋"的方法讲解。

根据平法标注规则，梁构件尺寸和钢筋都是标注在一起的，前面对梁识别后，可以直接对梁筋进行识别布置如图 8-20 所示。

图 8-20　梁结构平面图

首先在界面中将梁显示出来，为了看清梁的跨段走向和位置，最好将梁的支座构件也一同显示，如柱、剪力墙等。之后在界面中插入"标高 3.000m 结构平面图"，将结构平面图的轴网与案例工程的轴网用 CAD "移动"命令对齐。接下来对结构平面图上的钢筋描述进行"钢筋描述转换"，操作见软件操作手册中相关章节描述转换。注意！如果梁的集中标注线属于不能识别的线形时，还应将梁集中标注线进行转换，以便于识别。

执行"识别梁筋"命令，弹出"染（条基）筋布置"对话框如图 8-21 所示。

图 8-21　梁筋布置对话框

梁筋布置是识别与布置同用一个对话框，左下角有四个按钮，作用见软件操作手册中相关章节说明。对话框内的标高是相对于当前楼层的层顶标高。当梁按"同层高"布置时，对话框内梁的标高就是"0"。如果梁段要升、降高度，可在标高列中对应梁跨单元格内输入一个相对于当前层顶标高的正或负数，例如"－0.5"m，则将该跨梁段向下降 0.5m 的高度，输入正值则将梁段向上提升。整条梁需进行升降，则将升降值填入集中标注栏内即可。

点击对话框中的〖选梁识别〗按钮，如果当前楼层中已经布置了板并执行了梁的工程量分析，则可以在识别梁筋之前，点击〖设置〗按钮进入〖识别设置〗页面设置自动布置腰筋、主、次梁交叉和十字梁交叉处的加密箍筋、吊筋以及说明似的梁箍筋的布置条件。如果没有布置板，腰筋就要另行处理，不能设置自动布置腰筋。这里先将"自动布置构造腰筋"设置为"指定布置"，后面再另行讲解腰筋的布置。

按命令栏提示，光标选择编号为 KL1（3A）的梁，选择后点击鼠标右键确认，施工图上的梁筋信息会识别到对话框中，如图 8-22 所示。

梁跨	箍筋	面筋	底筋	左支座筋	右支座筋	腰筋	拉筋	加强筋	其它筋	标高(m)	截面(mm)
集中标注	A8@100 (2)	3B16	3B16							0	300×400
1											300×400
2											300×400
3											300×400
右悬挑				5C16				J3A8 (2)			300×400

梁筋布置 KL1[3A][300×400]

其它钢筋　…　□自动　合并　提取　吊筋　识梁　组跨　设置　核查　　选择　参照　布置　下步(N)

图 8-22　梁筋识别

可以点击〖下步〗按钮，将钢筋的计算明细栏展开，如图 8-23 所示。

梁筋布置 KL1(3A)(300×400) |用量:189.877KG/M3 体积:0.612M3 钢筋:116.205KG]

梁跨	箍筋	面筋	底筋	左支座筋	右支座筋	腰筋	拉筋	加强筋	其它筋	标高(m)	截面(mm)
集中标注	A8@100 (2)	3C16	3C16							0	300×400
1											300×400
2											300×400
3											300×400
右悬挑				5C16				J3A8 (2)			300×400

其它钢筋　…　□自动　转换　合并　提取　吊筋　识梁　组跨　设置　核查　　选择　参照　布置　上步(P)

编号	梁跨	梁筋描述	钢筋名称	接头类型	接头数
4	100 3	2C16	端支座负筋带悬挑(下弯)	▼绑扎	0

数量公式：
数量式： 2
长度公式：Ln2*LJK+HCZ+Ln1-CZ+0.414*(HD-2*CZ)+2*WG180
长度式：1400*1/3+400+1400-25+0.414*(400-2*25)+2* 2387
中文式：伸入跨内长+支座宽+净长-保护层+弯折增加长
锚长左边： 右边：

图 8-23　梁筋计算明细展开

可以在展开的栏目中查看和修改、编辑钢筋计算式，如梁悬挑端上部标注的是 5C16，与集中标注的 3C16 不同，多出了两根钢筋。实际是将集中标注的 3C16 钢筋从左至右贯通整条梁，包括悬挑端，而将悬挑端的 5C16 中扣减 3 根钢筋，剩下 2 根钢筋选择钢筋名称为"端支座负筋带悬挑端（下弯）"进行布置，这样才是正确的。软件会自动用 2 根钢筋名称为"端支座负筋带悬挑端"的钢筋进行匹配，但不是"下弯"的形状，这时就需要点击"钢筋名称"栏后的" "下拉按钮，在展示的钢筋式样图和名称中选择对应的钢筋，来进行钢筋的细微调整。光标点击上部栏目内的某一个钢筋描述，下步栏目中就会对应展示相关钢筋的计算式。钢筋计算确认无误后点击〖布置〗按钮，将栏目中的钢筋数据布置（关联）到编号为 KL1（3A）的梁上，如图 8-24 所示。

按照以上步骤，依次识别其他梁筋。梁筋识别还有第二种方式，即〖 〗"选梁和文

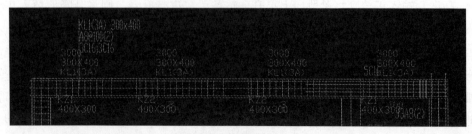

图 8-24　梁筋布置效果

字识别"，这种识别方式主要用于局部识别梁筋，案例 KL1（3A）梁钢筋的集中标注在Ⓑ轴的梁上，悬挑端的支座钢筋有标注在Ⓐ轴的梁上，直接用"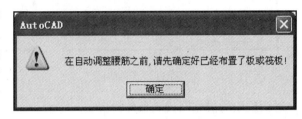"选梁识别可能不会成功，可用这种识别方法进行识别。

识别完梁筋后，清空施工图。

由于案例工程较小，其梁的截面没有达到需要布置梁腰筋（梁侧筋）的条件，为了学习者的需要这里假设梁需要布置梁腰筋（梁侧筋），讲解如下：

梁腰筋（梁侧筋）分为两种类型，一类是经过结构计算得到的配筋，在施工图上这类钢筋都有专门标注；另一类是构造式的配筋，这种钢筋不会在施工图内标注，一般在结构总说明内说明或者按平法标准执行。后者由于在施工图上没有标注，建模

图 8-25　自动调整腰筋提示

时往往会忘记。对于构造腰筋，其布置都是有条件的，所以在布置构造腰筋之前应将条件设置好，否则软件就不会布置构造腰筋。下面布置梁构造腰筋。点击〖 自动钢筋 〗按钮，之后再点击〖 2.构造腰筋布置与调整 〗按钮，弹出提示框如图 8-25 所示。

点击〖确定〗按钮，进入自动腰筋定义对话框如图 8-26 所示。

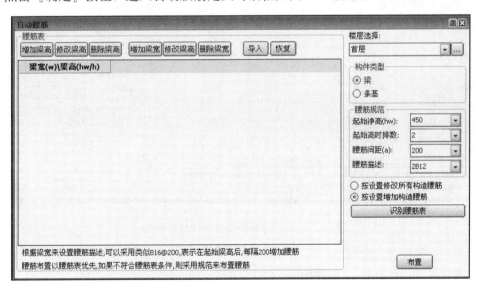

图 8-26　自动腰筋定义对话框

在对话框中按设计要求设置腰筋的布置条件，点击对话框中的增加、删除、修改梁高、梁宽等按钮，在栏目中增加、删除或修改新的条件和对应的布筋描述。如需要"增加"一个钢筋条件，则操作方法如下：

点击〖增加梁高〗按钮，弹出"（梁高）条件设置"对话框，如图 8-27 所示。

这里可以设置对应的梁腹高，我们在 450～650mm 区间内取值，设置一个范围后点击〖添加〗按钮，将一个条件放置在对话框中的栏目内，之后接着设置第二个条件，直至

所有梁高范围的条件设置完毕。点击〖确定〗按钮，在表格中软件会自动新增一列。

点击〖增加梁宽〗按钮，弹出"（梁宽）条件设置"对话框如图 8-28 所示。

 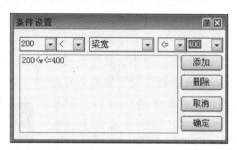

图 8-27　梁高条件设置对话框　　　　　　图 8-28　梁宽条件设置对话框

对话框中的操作同梁高条件设置。

有多个梁高和梁宽条件时，可以设置多个条件栏目。梁高和梁宽条件设置完后，在对应的单元格中录入钢筋描述，最后对话框结果如图 8-29 所示。

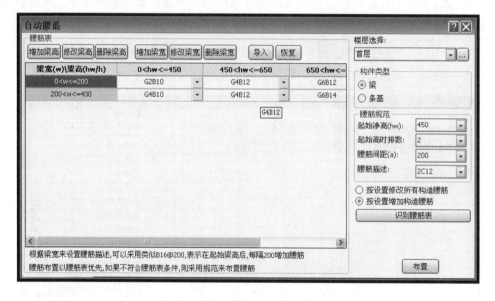

图 8-29　设置好腰筋布置条件的对话框

如果梁上已经布置过腰筋，需要修改，则选择"按设置修改所有构造腰筋"，如果只需增加布置腰筋，则选择〈按设置增加构造腰筋〉。

对于腰筋的拉筋可以在"识别设置"的"钢筋选项"中修改描述。

注意事项：
　　对于集中标注中的钢筋无法正确识别时，则可能是下面两个原因引起：

　　1. 集中标注线没有转换成软件可以识别的样式，此时要用〖描述转换〗命令转换标注线；

　　2. 集中标注线与梁边线不垂直，如果调整标注线后，软件仍然无法识别出集中标注梁筋信息，建议用"选梁和文字识别"的方式识别梁筋。

温馨提示：

识别梁筋时，对电子图的要求：

1. 集中标注线必须与梁线垂直；

2. 加强筋描述中最好带有加强筋代号，例如吊筋描述前应有"V"标示，构造腰筋有"G"标示，抗扭腰筋有"N"标示，节点加密箍有"J"标示等。

如果标注不符合以上要求，识别梁筋时会出错。应先修改好电子图，再进行识别。对于加强筋，可以在对话框中修改钢筋描述，不一定要在图上修改。

练一练

（1）如何核查识别的梁筋是否正确？

（2）如何删除已经布置到梁上的梁钢筋？

（3）如何布置梁腰筋？

8.5.4 板钢筋

命令模块：【钢筋布置】

参考图纸：某学院北门建筑结构施工图

将楼层切换到一层，对标高 3.000 处的板进行钢筋布置。

板钢筋分"识别"与"布置"两种方法，案例也按照"识别"和"布置"分别讲述。

（1）板钢筋识别

首先将电子图文档插入当前楼层，其对齐、钢筋描述转换等操作均同上节梁钢筋布置说明。

点击"钢筋布置"钢筋布置按钮，按命令栏提示，光标至界面中选择 LB1 编号的板，弹出"布置板筋"对话框，如图 8-30 所示。注意！布置板筋的对话框是识别与布置共用的。

在对话框板筋类型栏中选择"识别"，布置方式栏中有五种识别方式供选，为保险起见，这里用"选线与文字识别"的方式，此种方式的好处就是选中的线不论钢筋描述在图面上的什么地方，软件都会将之关联在一起。

指定好布置方式后，下一步是提取钢筋线条的图层，表示在电子图文档内提取的线条会被软件认为是钢筋线条。点击对话框中的 提取图层 按钮，按命令栏提示，光标选择图形中表示钢筋的线条，也可以选择钢筋描述文字。光标选中要提取的线条或文字，此时被选中的对象会从界面中消失；没有消失的对象，而又认为是钢筋线条和钢筋描述的，可以点击 添加图层 按钮，来对不同图层的对象进行图层归并，便于识别。经过提取图层后，对话框如图 8-30 所示。

看到"提取图层"栏目内有了待识别的图层内容。

（2）关于分布钢筋

所谓分布钢筋，就是与受力筋成垂直方向的钢筋，如果受力筋是 X 方向，则分布钢筋必然是 Y 方向，反之亦然。施工图中的板钢筋标注有两种形式，一种是直接将钢筋线条绘制在图上并标注上钢筋描述，如果其他钢筋描述一致时，钢筋描述会用钢筋编号替代；另一种就是用说明方式来对板进行钢筋布置。案例中支座负筋的"分布钢筋"，就是

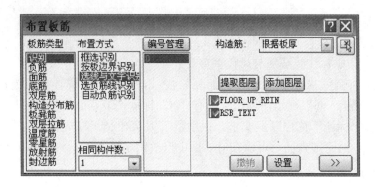

图 8-30 提取图层后的布置板筋对话框

用说明方式标注的。考察案例工程结构总说明第九条的第 10 款 d 项"板内未标注的分布钢筋均为",见表 8-2。

表 8-2

支座负筋直径	支座负筋间距		
	70~90	100~140	150~200
6~8	Φ 6@250		
10	Φ 6@200 或Φ 8@250		Φ 6@250
12、14	Φ 8@200	Φ 8@250	Φ 6@250
16	Φ 8@150 或Φ 10@250	Φ 8@200	Φ 8@250

表格中"分布钢筋"的布置描述,为我们进行自动布置分布钢筋提供了设置条件,如表中当支座负筋的直径在 6~8mm,间距为 70~200 时,分布钢筋为Φ 6@250。依据此说明,可以在布置板筋对话框中预先将判定条件和对应的钢筋描述设置好,在进行钢筋识别或布置板钢筋时,就会带上"分布钢筋"的布置。

"分布钢筋"的设置方式如下:

点击"编号管理"按钮,弹出"板筋编号"对话框如图 8-31 所示。

图 8-31 编号管理对话框

对话框中有三个栏目，最左边"板筋编号"栏，记录的是所有定义好的"钢筋编号"，一个编号对应一组钢筋描述及布置条件等信息。当一个钢筋编号的信息编辑完成后，点击栏下的〖增加〗按钮，会在栏目中增加一条新的板筋编号，这时光标移至中部栏目内激活属性值单元格，对当前编号板筋进行编辑，依次类推直至将所有钢筋编号定义完毕。注意！板筋编号定义好后，关键是要将面筋描述、底筋描述设置成与图纸上的内容一致。

光标点击"构造分布筋设置"栏下的〖增加〗按钮，这时在栏目内会增加一行记录；由于表格中"分布钢筋"没有板厚的控制，所以在"＜板厚"列内填上"0mm"，在"板厚≤"列内填上"2000mm"，表示只要是大于"0"小于等于2000mm的板，其分布钢筋描述均为"A6@250"，由于图面上的钢筋描述的直径没有大于Φ8，故不对钢筋直径变化做分布钢筋设置定义。

板钢筋用识别的方式布置时，不需要预先在对话框中录入钢筋描述，钢筋描述是直接提取转换后的钢筋描述。对于板筋是面筋还是底筋，软件是通过对板筋线的弯钩形式和方向进行判定的。

"提取图层"的操作完成后，根据命令栏提示，光标选择需转为钢筋的图形线条和钢筋描述文字，选好后单击右键，此时命令栏又提示："点取分布范围的起点"，光标至正在识别的钢筋分布范围起点处点击，命令栏又提示："点取分布范围的终点"光标移至正在识别的钢筋分布范围终点处点击，此时一根板钢筋就生成了。用此方式直至将所有板钢筋识别完毕。

（3）板钢筋布置

案例"标高3.000结构平面图"中，板底筋是用说明描述的，故不能用"识别"方式进行钢筋布置，这里用"布置"方式布置板底筋。

需要说明的是，在软件中，板钢筋的布置是用图线方式绘制出来的。钢筋线的生成有两种方式，一种是在需布置钢筋的板块内用光标先绘制钢筋线长，之后绘制钢筋的分布范围长来布置钢筋；另一种是在板块中用光标绘制一条钢筋的布置方向，之后钢筋的长度和分布长度均由软件自动搜索板块的边界而生成板钢筋。前者方式用于正方的矩形板块，后者方式用于异形板块。前者布置方式可以跨板布置，后者不能跨板块，只能在一块板内生成。板钢筋不遵循同编号布置原则，即多块同编号的板必须每块板上都布置钢筋。如果多块板的尺寸、混凝土强度等级等与板上钢筋描述均一致时，哪怕板编号不一样，都可以在一块板上布置钢筋后，用相同构件数来指定本块板上的钢筋乘以的倍数，来得到其他板块上的钢筋工程量，从而减少布置钢筋的操作。

布置板钢筋最好将软件的"对象捕捉"功能打开，便于绘制钢筋线条时捕捉板块边缘。右键点击状态栏中的"对象捕捉"按钮，在弹出的"草图设置"对话框中勾选垂足"⊥"和最近点"⊠"，点击〖确定〗按钮退出对话框。"草图设置"设置好后，之后光标每点击一次"对象捕捉"按钮，软件会在开和关之间进行切换，也可按键盘上的F3键来打开或关闭"对象捕捉"。如果布置的板筋以水平的和竖直的为主，则需要将"正交"打开，以确保绘制出来的板筋成直线状态。

点击"钢筋布置"按钮，操作同上述，弹出"布置板筋"对话框，在对话框中，将板筋类型选择为"底筋"，布置方式选择"选板双向"。布置方式选"选板双向"的第2条说明是

"图中除注明外未标板底配筋均为Φ8@200双向布置"原因，由于案例板底筋就只一个说明，故钢筋不做"编号管理"输入，直接在"底筋X向和底筋Y向"栏内输入"A8@200"的钢筋描述，描述内"A"子母含义见柱钢筋说明。定义好钢筋描述和布置方式的对话框如图8-32所示。

图8-32 板筋布置

设置好板"底筋"在X方向和Y方向的描述并选择好"选板双向"的布置方式后，根据命令栏提示，光标至界面中选择板之后单击右键，板筋就布置上了。板筋布置好了后为了查看效果，可以用光标选中要查看的钢筋之后单击右键，在弹出的右键菜单中选择"明细开关或者所有明细"命令，来显示板钢筋布置的实际情形。"明细开关"只对选中的钢筋显示，"所有明细"是将界面中所有已布置的钢筋都显示，要关闭钢筋显示的明细，再次执行上述操作，钢筋明细线条就会关闭。布置的钢筋效果如图8-33所示。

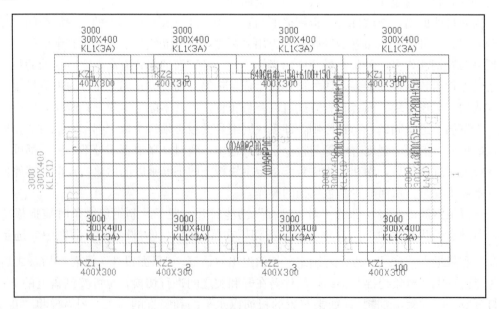

图8-33 板底筋布置后显示的效果

案例板面筋只有负弯矩筋，而且在前面已经用识别的功能布置了，读者如果需要学习，请参看深圳市斯维尔科技有限公司编写的《三维算量高级实例教程》。

> **小技巧:**
>
> 　　1. 实际工程中楼层之间的板筋相同，但梁截面有变化，此时如果想用〖拷贝楼层〗功能复制板筋，则绘制板筋时，最好以梁中线为边界指定其外包长度与分布范围，这样板筋复制到其他楼层时，如果边界梁截面发生变化（例如变小），梁如果与板筋仍然相交，板筋就会自动调整其长度和分布根数。
>
> 　　2. 板筋类型中的"零星筋"用于布置特殊部位的零星板筋。

练一练

（1）捕捉设置对板筋布置有何作用？

（2）异形板的钢筋如何布置？

（3）在哪里可以设置板筋计算方法，例如设置"板构造分布筋与板面筋是否扣减"？

8.5.5　构造柱、过梁钢筋

1. 构造柱钢筋

命令模块：【钢筋布置】

参考图纸：某学院北门建筑结构施工图

结构施工图④轴外的电动伸缩门建筑部分设计是编号为 GZ-1 的构造柱。点击" 钢筋布置 "钢筋布置按钮，按命令栏提示，光标至界面中选择 LB1 编号的板，弹出"构造柱筋布置"对话框，如图 8-34 所示。

构造柱筋布置 GZ1[300×300高 2900][用量:314.299KG/M3 体积:0.227M3 钢筋:71.283KG]

	编号	钢筋描述	钢筋名称	数量	长度	接头类型	接头数
		8C16	竖向纵筋	8	2900	绑扎	8
		A8@100/150 (2)	矩形箍 (3*3)	24	1889	绑扎	0
▶		8C16	柱插筋	8	1328	绑扎	0
*							

其它钢筋　　　[...] ☑ 缺省　[撤销] [提取] [核查] [简图] [选择] [参照] [布置] [<<]

数量公式　　　　　　　　　　　　　　　　　　　　　　　[...]

数量计算式　　　　　　　　　　　　　　　　　　　　　　

长度公式　　　LMC+IIF(LMC>0,LL+2*WG180,0)　　　　　　[...]

长度计算式　　35*D+(1.2*40*D)

长度中文式　　(锚长)+搭接

左锚长　　　　LA　　　　　　　　　[...]　　右锚长

图 8-34　构造柱钢筋布置对话框

在弹出的对话框中，根据"柱配筋表"中编号 GZ-1 的柱钢筋描述，在对应的单元格中将钢筋描述和钢筋名称定义好。说明：由于④轴外的电动伸缩门建筑部分出±0.000 高度只有 1800mm 高，基础顶至±0.000 高度只有 1100mm 高，合计高度 2900mm，为了施工方便这里的构造柱是直接按 2900mm 全高布置，所以钢筋也按全高。另外由于构造柱钢筋不能用"柱筋平法"的方式布置钢筋，故也不能自动判定出插筋，所以构造柱的插筋需单独布置。这里对话框中有单独布置的"柱插筋"。录入完后，点击〖 **布置** 〗按钮，构造柱的钢筋就布置好了，如图 8-35 所示。

8C16(纵筋)
A8@100/150(2)
8C16(插筋)

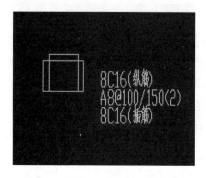

图 8-35　构造柱钢筋布置效果

需要注意的是：由于构造柱的钢筋是用普通钢筋布置方式布置的，故软件中看不到钢筋的三维立体效果。

练一练

构造柱的钢筋为什么不用“柱筋平法”布置？

2. 过梁钢筋

命令模块：【钢筋布置】

参考图纸：某学院北门建筑结构施工图

结构总说明中“过梁表”如图 8-36 所示。

对于过梁设计标注，一般在结构施工图中基本都是用表格形式进行说明，案例也不例外。表中的“L”表示门窗洞口的净宽度，截面形式有“A”、“B”两种，“h”表示过梁截高，“a”表示过梁截宽；①号是底筋，②号是面筋，③号是箍筋。当洞口宽度≤1000mm 时，截面形式用“A”，配底筋 2 Φ 10，没有面筋，用Φ 8@150 直接将两根底筋横向相连即可；1000mm＜洞口宽度≤1500mm 时配底筋 3 Φ 10；③号筋同≤1000mm 配置。当洞口宽度大于 1500mm 截面形式用“B”这时就配有面筋了，③号筋变成 2×2 肢矩形箍筋。由于案例工程较小，过梁宽度只用到≤1000mm。

过梁表（混凝土强度等级为C20）

L	截面形式	h	a	①	②	③
≤1000	A	120	240	2Φ10		Φ8@150
1000<L≤1500	A	120	240	3Φ10		Φ8@150
1500<L<1800	B	150	240	2Φ12	2Φ8	Φ8@150
1800≤L<2400	B	180	240	3Φ12	2Φ8	Φ8@150
2400≤L<3000	B	240	240	3Φ14	2Φ10	Φ8@150

注：荷中仅考虑 $L/3$ 高度墙体自重，当超过或梁上作用有其他荷载时，另行计算。

图 8-36　过梁表截图

过梁钢筋的布置有两种方式，第一种方式是用自动布置的功能进行过梁编号定义时，直接将钢筋描述定义到“过梁表”中，如图 8-37 所示。

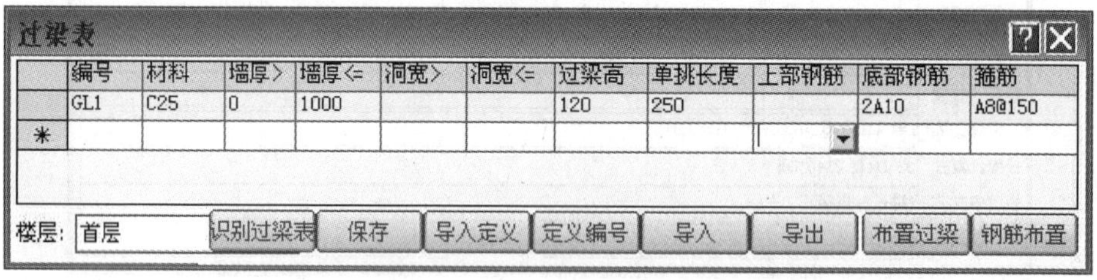

过梁表
编号 | 材料 | 墙厚> | 墙厚<= | 洞宽> | 洞宽<= | 过梁高 | 单挑长度 | 上部钢筋 | 底部钢筋 | 箍筋
GL1 | C25 | 0 | 1000 | | | 120 | 250 | | 2A10 | A8@150
楼层: 首层
识别过梁表
保存
导入定义
定义编号
导入
导出
布置过梁
钢筋布置

图 8-37　过梁表内钢筋定义

定义好过梁钢筋后，第一次点击“布置过梁”按钮，将过梁构件布置到模型中，过梁布置好后，第二次点击“钢筋布置”按钮，将定义的过梁钢筋布置到模型中的过梁上。说明：在“过梁表”对话框中有一个“识别过梁表”按钮，这个按钮的功能是将电子图文档中过梁表的构件和钢筋信息，通过识别转换的方式，快速地识别到过梁表对话框中，从而减少手工录入的工作量。具体操作见《建筑工程量计算实训》。

过梁钢筋的第二种布置方式，就是对模型中已经布置好的过梁构件，用普通“钢筋布置"方式布置钢筋，操作方式见"本章上一节构造柱钢筋"布置。对话框内容，如图8-38 所示。

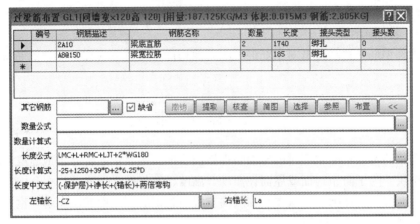

图 8-38　过梁钢筋布置对话框

对话框中的钢筋描述全同图 8-33 过梁表对话框中的描述，过梁钢筋布置后的效果如图 8-39 所示。

图 8-39　过梁钢筋布置效果

练一练

（1）过梁钢筋有几种布置方式？

（2）过梁表对话框中能否同时识别过梁钢筋描述？

8.6　建筑构件钢筋

8.6.1　栏板钢筋

栏板钢筋布置功能针对钢筋混凝土栏板，布置方式用普通"钢筋布置"方式布置。

8.6.2　楼梯钢筋

楼梯钢筋布置功能针对钢筋混凝土楼梯，布置方式按普通"钢筋布置"方式布置。

8.6.3　扶手、压顶、腰线钢筋

扶手、压顶、腰线钢筋布置功能针对钢筋混凝土扶手、压顶、腰线，布置方式按普通"钢筋布置"方式布置。

8.6.4　其他构件钢筋

其他构件钢筋布置功能针对钢筋混凝土其他构件，布置方式按普通"钢筋布置"方式布置。

8.7　装饰用钢筋

装饰用钢筋本教材中主要讲解地面防裂钢筋。地面防裂钢筋针对楼地面或屋面，这两类属于装饰层。为了防止地面或屋面在振动、温度、空气的干湿度等外在和内在的因素的影响下产生开裂，设计师会在这类装饰层内布置防裂钢筋。地面或屋面防裂钢筋布置方式用普通"钢筋布置"方式布置。

由于案例工程没有涉及8.6建筑构件钢筋，8.7装饰用钢筋此两项内容，其钢筋布置讲述略。但此两项的钢筋布置均是用普通"钢筋布置"方式，对话框同"构造柱钢筋布置"对话框，操作方式一样，此处也略。读者需要了解详细内容，请参看"三维算量软件用户手册"。

9 屋 顶 层 钢 筋

屋顶层构件钢筋布置有两种方式，当构件钢筋同首层构件钢筋描述一致时，使用软件中的"拷贝楼层"功能将首层构件中同样构件的钢筋拷贝到屋顶层构件上。当构件钢筋描述不一样时，采用单独布置的方法，对构件进行钢筋布置；也可将首层的钢筋拷贝过来，之后进行修改。

屋面层柱钢筋：案例某学院北门建筑结构施工图"标高 4.700 结构平面图"中，编号为 KZ-1、KZ-2 的柱在配筋表中已经将 4.7m 标高配筋包含在内，说明柱子的配筋与首层的钢筋描述一样，这里直接将首层的柱钢筋拷贝上来即可。拷贝柱钢筋操作如下：

不论界面中显示的楼层是那层，直接点击"拷贝楼层"按钮，弹出"楼层复制"对话框，如图 9-1 所示。

在对话框中，将源楼层选为"首层"，目标楼层选为"第 2 层"，选择构件类型栏中的构件选择全部清除，只将 KZ-1、KZ-2 柱筋勾选上；说明；这是由于案例只有 KZ-1、KZ-2 编号的柱在"第 2 层"有柱和钢筋，KZ-3 的柱在层高 2.8m 就截止了的缘故。最后点击"确定"按钮，柱钢筋就拷贝到第 2 层对应编号的柱上了。

图 9-1 "楼层复制"对话框

屋面层梁钢筋：案例某学院北门建筑结构施工图"标高 4.700 处结构平面图"中，梁均为 KL-1，且都是单跨梁，这里用单独布置，布置和识别方式见本教材 8.5.3 梁钢筋章节。

屋面层板钢筋：这里也用单独布置，布置和识别方式见本教材 8.5.4 板钢筋章节。

10 结 果 输 出

通过前面所述各类构件的钢筋布置，我们只是将施工图中设计的钢筋向每种构件进行了布置或识别转换操作，最后的计算结果怎么样才是我们关心的事情，就是软件的"结果输出"。在任何一款算量软件中都有两种结果输出的功能，一种是查看中间计算过程；如对某单个构件的钢筋计算有疑义，可以使用软件的中间结果查看功能，对构件的钢筋计算进行检查复核。虽然中间过程能够查看到软件的计算结果，但这种结果可能不完整，这是由于界面中的构件没有布置完全，场景不成熟造成的。如板钢筋第一次查看时没有布置板洞，则中间钢筋查看时钢筋就没有扣板洞，当我们将板洞布置上去以后，再次查看，板钢筋就会扣板洞，结果就会不一样。另一种结果输出就是最终数据输出，我们称之为"报表"，最终结果输出的报表是可以打印的。

10.1 核 对 单 筋

核对单筋属于"中间结果"输出，在软件中是对任何构件都能执行钢筋核对的。如案例中我们要查看编号为 KZ-3 的柱钢筋是怎样计算的，操作方式如下：

（1）在界面中找到编号为 KZ-3 的柱，光标选中柱；

（2）单击鼠标右键，在弹出的菜单中选择"核对单筋"功能，这时就弹出如图 10-1 所示对话框；

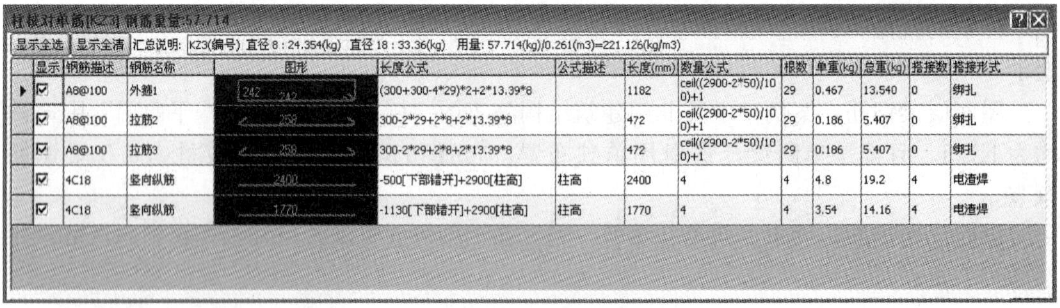

柱核对单筋[KZ3] 钢筋重量:57.714

显示	钢筋描述	钢筋名称	图形	长度公式	公式描述	长度(mm)	数量公式	根数	单重(kg)	总重(kg)	搭接数	搭接形式
☑	A8@100	外箍1	242 242	(300+300-4*29)*2+2*13.39*8		1182	ceil((2900-2*50)/100)+1	29	0.467	13.540	0	绑扎
☑	A8@100	拉筋2	258	300-2*29+2*8+2*13.39*8		472	ceil((2900-2*50)/100)+1	29	0.186	5.407	0	绑扎
☑	A8@100	拉筋3	258	300-2*29+2*8+2*13.39*8		472	ceil((2900-2*50)/100)+1	29	0.186	5.407	0	绑扎
☑	4C18	竖向纵筋	2400	-500[下部错开]+2900[柱高]	柱高	2400	4	4	4.8	19.2	4	电渣焊
☑	4C18	竖向纵筋	1770	-1130[下部错开]+2900[柱高]	柱高	1770	4	4	3.54	14.16	4	电渣焊

汇总说明: KZ3(编号) 直径8:24.354(kg) 直径18:33.36(kg) 用量:57.714(kg)/0.261(m3)=221.126(kg/m3)

图 10-1 核对单筋对话框

在对话框中可以看到有：

汇总说明栏：栏目中显示的是当前被查询构件的"编号"，各种直径钢筋的分别合计，单个构件的用钢筋总量，单个构件每立方米含钢筋指标；

钢筋描述列：显示的是被查询构件中所有的钢筋描述；

钢筋名称列：对应钢筋描述，说明该类钢筋的名称；

钢筋的图形：对应钢筋名称，用图形说明钢筋的形状；

长度公式列：对应钢筋名称，用公式说明这根钢筋长度的计算方式；

数量公式列：对应钢筋名称，用公式说明这类钢筋数量的计算方式，钢筋数量计算只有按分布方式布置的钢筋才用到；

搭接形式列：对应钢筋名称，说明这类钢筋的搭接方式，软件中除绑扎搭接的钢筋有搭接长度的增加外，其余类型的钢筋搭接没有长度增加。

需要说明的是：钢筋的长度和数量公式在编辑时都是依据一定顺序的，掌握好公式中各种数据位置关系，就很容易看清公式中每个数据表示的是什么内容。

练一练

（1）核对单筋是对当前选中构件的全编号进行核对，还是只对选中的构件进行核对？

（2）能否在对话框中对钢筋进行编辑？

10.2 核 对 钢 筋

核对钢筋也属于"中间结果"输出。核对钢筋与 10.1 节核对单筋的区别在于，核对单筋是用表格形式将构件内的钢筋长度和数量显示出来，核对钢筋是用图形加表格的形式，将钢筋在构件内的构造形式及长度和数量计算结果显示出来；操作方式同 10.1 节所述一样。执行命令后弹出对话框，如图 10-2 所示。

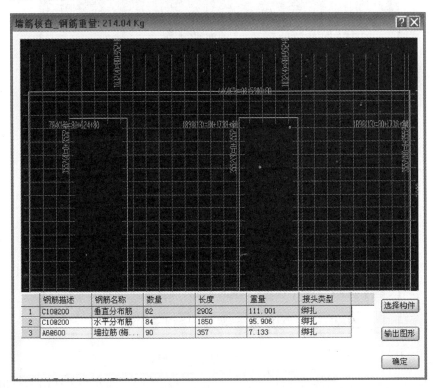

图 10-2　核对钢筋对话框

对话框顶部标题栏中显示的是当前选中构件的钢筋量合计；中部是构件的形状以及钢

筋在构件中的布置图形；底部有表格栏，显示构件中的钢筋描述对应的钢筋名称及钢筋长度和重量。

　　需要说明的是：之所以钢筋的中间结果查询有核对单筋和核对钢筋两种方式，是考虑到钢筋在构件中有两种存在方式，一种是在构件中每种钢筋名称的钢筋计算只有一种结果的，能直接用公式表达的，就用"核对单筋"进行查询；另一种在构件中每种钢筋名称的钢筋计算有多种结果，不能直接用公式表达的，就用图形加表格显示。如图 10-2 所示的墙中钢筋，遇到了洞口后，其垂直和水平钢筋名称一样，但钢筋在洞口处已经打断，这时若还只用一个钢筋计算公式就不能完整描述钢筋的计算过程，所以软件中出现"核对钢筋"的功能。考察图 10-2 对话框下部表格栏中的内容，其钢筋的长度就不是用公式描述，而是直接给出的"长度和重量"，这是软件已经将钢筋做了平均的结果。

练一练

核对钢筋与核对单筋有什么不同？

10.3　分　析、统　计

钢筋布置完后，点击"Σ"分析按钮，弹出对话框，如图 10-3 所示。

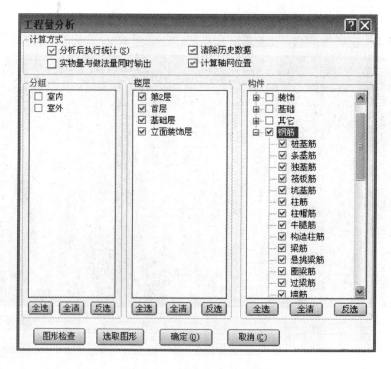

图 10-3　工程量分析对话框

　　因为案例工程太小，在水平和垂直方面不分流水施工段，即在分组栏内不分组。因为整个案例工程的钢筋已经全部布置完毕，这里将"楼层"栏内楼层全部选上，将"构件"栏内的某些构件不选，只选择钢筋。选好后点击"确定(0)"按钮，软件就开始进行钢筋分析和统计了。

练一练

（1）进行钢筋计算之前有什么准备工作要做？

（2）三维算量软件的钢筋与构件布置是一体的，独立分析计算钢筋时，在对话框中不勾选构件，能否计算出钢筋工程量？

10.4 统 计 浏 览

分析统计完成后软件将自动弹出计算结果界面，如图 10-4 所示。

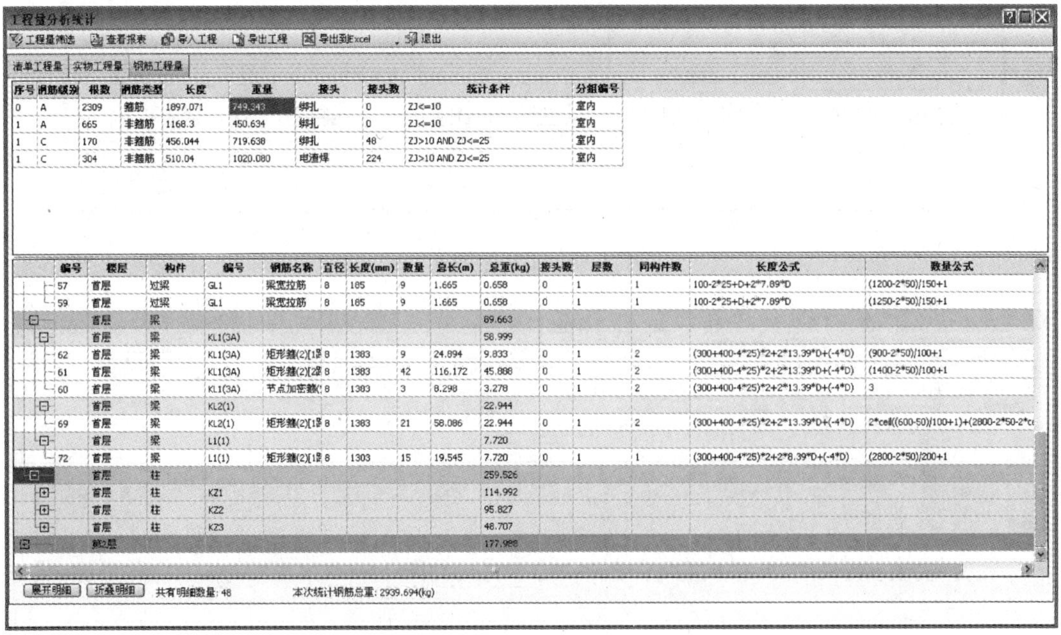

图 10-4 工程量数据浏览

将页面切换到"钢筋工程量"页面，可看到钢筋的计算结果。页面上部栏目中显示的是某种级别和直径范围内的钢筋汇总，下部栏目中显示的是此类钢筋所涉及的钢筋明细内容，包括楼层、构件名、构件编号、计算的长度、重量、接头数量、标准层数、相同构件数、长度计算式、数量计算式。

可以双击明细栏中的某条记录，这是对话框会消失，回到界面中，并将所计算的钢筋"描述或线条"以红色显示在界面中，可以对显示的钢筋进行"核对单筋或核对钢筋"校核。

可以点击" 工程量筛选 "按钮，弹出来的对话框如图 10-5 所示。

对需要查看的钢筋进行数量筛选，这里如对首层构造柱的钢筋进行单独查看，就在楼层栏内勾选"首层"，构件名称栏内勾选"构造柱"，构件编号栏中勾选相应的构件编号，点击【确定】按钮，就可以将需要查看的构件直至定位到相应的编号上，如图 10-6 所示。

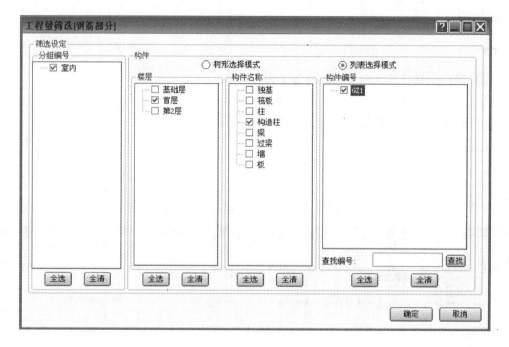

图 10-5　工程量筛选

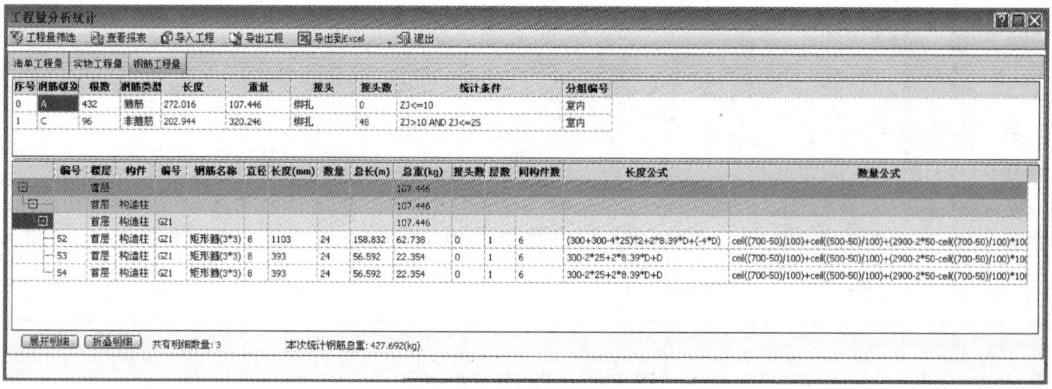

图 10-6　被筛选的构造柱钢筋

可以点击 " " 按钮后的 " " 下拉按钮，选择 "导出汇总表" 或 "导出明细表"，将需要的数据导入到 Excel 表中，对相关数据进行汇总、校对和查看。

练一练

(1) 怎样进行钢筋工程量筛选?

(2) 对话框下方栏目显示的是什么内容?

10.5　报　表

点击 " 查看报表 " 按钮，进入 "报表打印" 页面。点击 "钢筋" 类型前面的 "＋"

号，将报表项展开，会看到有"汇总表和明细表"归类，点击相应的报表名称，就看得到对应的报表数据。以下是案例工程的部分报表内容（图 10-7～图 10-10）。

现浇钢筋汇总表

工程名称：教材案例工程　2014-7-15　　　　　　　　单位:吨(t)　　　　　　第1页 共1页

序号	钢筋类型	级别	直径	总重	基础	桩基钢筋笼	柱	暗柱	墙	暗梁	梁	板	楼梯	墙体拉结筋	构造柱	圈梁	过梁	措施筋	其它筋
1	箍筋	Φ	8	0.749			0.503				0.137				0.107		0.001		
	小计			0.749	0.000	0.000	0.503	0.000	0.000	0.000	0.137	0.000	0.000	0.000	0.107	0.000	0.001	0.000	0.000
1	非箍筋	Φ	6	0.082								0.016		0.067					
2	非箍筋	Φ	8	0.220	0.030							0.190							
3	非箍筋	Φ	10	0.149	0.145												0.004		
	小计			0.451	0.175	0.000	0.000	0.000	0.000	0.000	0.000	0.205	0.000	0.067	0.000	0.000	0.004	0.000	0.000
1	非箍筋	Φ	16	0.720							0.399				0.320				
2	非箍筋	Φ	18	1.020			1.020												
	小计			1.740	0.000	0.000	1.020	0.000	0.000	0.000	0.399	0.000	0.000	0.000	0.320	0.000	0.000	0.000	0.000
	合 计			2.940	0.175	0.000	1.523	0.000	0.000	0.000	0.537	0.205	0.000	0.067	0.428	0.000	0.005	0.000	0.000

注：墙钢筋不包含墙体拉结筋，措施钢筋包括板发筋和垫筋，其它钢筋是除前面列出以外的钢筋。如：压顶筋，腰线筋，栏板筋等，本表汇总了工程中图形构件、参数法构件的所有钢筋。

图 10-7　现浇钢筋汇总表截图

钢筋汇总表

工程名称：教材案例工程　　　　　　　　　　　　　第1页 共1页

定额号	定额项目	单位	工程量
5-294	现浇构件圆钢筋Φ6.5	t	0.082
5-295	现浇构件圆钢筋Φ8	t	0.22
5-296	现浇构件圆钢筋Φ10	t	0.149
5-310	现浇构件螺纹钢筋Φ16	t	0.72
5-311	现浇构件螺纹钢筋Φ18	t	1.02
5-356	现浇构件 箍筋Φ8	t	0.749
钢筋总重			2.94

图 10-8　钢筋汇总表截图

由于案例在"工程设置"时，已经选择了"全国统一建筑工程基础定额"，软件会自动根据钢筋的规格型号及相关条件，自动将对应的定额编号挂接上，形成"钢筋汇总表"、

"钢筋明细表"、"钢筋接头汇总表"等。

钢筋明细表

工程名称：教材案例工程　　　　　　　　　　　　　　　　　第 1 页　共 10 页

序号	钢筋名称	级别	直径	钢筋简图	长度计算式	长度(m)	单构件根数	总重(kg)
	楼层：基础层							912.25
	构件：独基							78.58
	J-1							72.21
				[B:1] [B:1] [B:1] [B:2] [A:1] [A:1] [A:1] [A:2]	9.03×8＝72.24			
1	长方向基底筋	Φ	10	⌐ 920 ⌐	(1000−2×40)＋2×6.25×D	1.05	7	4.51
2	宽方向基底筋	Φ	10	⌐ 920 ⌐	(1000−2×40)＋2×6.25×D	1.05	7	4.51
	J-2							6.37
				[B:3] [A:3]	3.18×2＝6.36			
1	长方向基底筋	Φ	10	⌐ 520 ⌐	(6000−2×40)＋2×6.25×D	0.65	4	1.59
2	宽方向基底筋	Φ	10	⌐ 520 ⌐	(600−2×40)＋2×6.25×D	0.65	4	1.59
	构件：筏板							96.28
	FB1							96.28
				[B~B:4~4]	96.28×1＝96.28			
1	筏板底筋 [B~B:4~4]	Φ	8	⌐195 7120 195⌐	［(300−40−20)÷2＋75］−40＋7200＋［(300−40−20)÷2＋75］−40＋2×6.25×D	7.61	10	30.06
2	筏板底筋 [A~B:4~4]	Φ	10	⌐195 7121 195⌐	［(300−40−20)÷2＋75］−40＋1801＋［(300−40−20)÷2＋75］−40＋2×6.25×D	2.24	48	66.22
	构件：柱							523.48
	KZ1							210.56
				[B:1] [B:2] [A:1] [A:2]	52.64×4＝210.56			
1	外箍1	Φ	8	242 342	(400＋300−4×25−2×8)×2＋2×13.39×8	1.38	13	7.10
2	拉筋2	Φ	8	⌐ 258 ⌐	300−2×25＋8＋2×13.39×8	0.47	11	2.05
3	拉筋3	Φ	8	⌐ 358 ⌐	400−2×25＋8＋2×13.39×8	0.57	11	2.49
4	柱插筋	Φ	18	270 745	max(0.6×35×18.300−40)＋15×18＋367 [非连接区]	1.01	4	8.12
5	柱插筋	Φ	18	270 978	max(0.6×35×18.300−40)＋15×18＋1100 [净高]−500 [上部非连接区]	1.25	4	9.98
6	竖向纵筋	Φ	18	1233	−367 [下部错开]＋1100 [柱高]＋500 [上柱非连接区]	1.23	4	9.86
7	竖向纵筋	Φ	18	1630	−1100 [净高]−500 [上部非连接区]＋1100 [柱高]＋500 [上柱非连接区]＋630 [接头错开长]	1.63	4	13.04

图 10-9　钢筋明细表截图

钢筋接头汇总表

工程名称:教材案例工程

单位:个　　　　　　　　　　　　　　　　　　第1页 共1页

序号	级别	直径	类型	总数	基础	柱	暗柱	墙	暗梁	梁	板	楼梯	构造柱	圈梁	过梁	其它
1	Φ	16	绑扎	48									48			
2	Φ	18	电渣焊	224		224										
	合　计			272	0	224	0	0	0	0	0	0	48	0	0	0

图 10-10　钢筋接头汇总表截图

11　实　训　作　业

　　按照前面案例方式，将本套教材《工程造价实训用图集》中的"某学院北门建筑工程"施工图建模进行钢筋工程量计算。其国标清单采用《建设工程工程量清单计价规范》GB 50500—2013，定额由指导老师确定，钢筋计算所有设置均按照施工图说明。

参 考 文 献

［1］ 中国建筑科学研究院. GB 50010—2010 混凝土结构设计规范［S］. 北京：中国建筑工业出版社，2010.

［2］ 《混凝土结构施工图平面整体表示方法制图规则和构造详图》11G101—1［M］. 北京：中国计划出版社，2011.

［3］ 闫玉红、冯占红，钢筋翻样与算量教材(第二版)［M］. 北京：中国建筑工业出版社，2013.